U0386169

烘焙快乐厨房

一看就想吃的果冻布丁挞派

黎国雄◎主编

黑龙江科学技术出版社
HEILONGJIANG SCIENCE AND TECHNOLOGY PRESS

图书在版编目（CIP）数据

一看就想吃的果冻布丁挞派 / 黎国雄主编. -- 哈尔滨 : 黑龙江科学技术出版社, 2018.1
（烘焙快乐厨房）
ISBN 978-7-5388-9410-3

Ⅰ. ①一… Ⅱ. ①黎… Ⅲ. ①甜食－制作 Ⅳ. ①TS972.134

中国版本图书馆CIP数据核字(2017)第273180号

一看就想吃的果冻布丁挞派
YIKAN JIU XIANGCHI DE GUODONG BUDING TA PAI

主　　编　黎国雄
责任编辑　马远洋
摄影摄像　深圳市金版文化发展股份有限公司
策划编辑　深圳市金版文化发展股份有限公司
封面设计　深圳市金版文化发展股份有限公司
出　　版　黑龙江科学技术出版社
地址：哈尔滨市南岗区公安街70-2号　邮编：150007
电话：（0451）53642106　传真：（0451）53642143
网址：www.lkcbs.cn
发　　行　全国新华书店
印　　刷　深圳市雅佳图印刷有限公司
开　　本　685 mm×920 mm　1/16
印　　张　13
字　　数　120千字
版　　次　2018年1月第1版
印　　次　2018年1月第1次印刷
书　　号　ISBN 978-7-5388-9410-3
定　　价　39.80元

Contents
目录

Chapter 1 甜品好帮手

Chapter 2 甜蜜诱惑的布丁

Chapter 3 清爽果冻与浓香奶酪

Chapter 4 挞、派与果冻布丁更配

joy

Chapter 1

甜品好帮手

“工欲善具事，必先利其器”想要做好这些惹人喜爱的小甜品，也要选好器具。无论是果冻、布丁，还是挞、派，都离不开冰箱与烤箱的帮助。

冰箱，你选对了吗

冰箱已经走入千家万户，成为家庭生活的必备品之一。选择一款合适的电冰箱，可以为您的生活带来很大的便捷。然而，面对市场上琳琅满目的冰箱，我们常常会走进一些误区，导致购买的产品不合心意，那么在选购冰箱时会有哪些误区呢？

01 价格是否越贵越好

现今的消费时尚就是追求名牌，因为名牌往往是质量优异和信誉可靠的同义词，但是名牌并不意味着高昂的价格，特别是电冰箱这样技术成熟的产品，不同品牌的冰箱其实材料原件、制造工艺、质量性能都基本相同，因此制造成本也大致一致。影响产品定价的，往往是一些软成本，像广告宣传费用的支出、内部费用的管理等。

02 冷冻力是否越强越好

冷冻力是衡量制冷器具的一项重要技术指标。但制冷器具用途各有不同，性能要求也有所区分。家用电冰箱最主要的技术性能不是制冷而是保鲜，过大的冷冻力会增加用户的开支，还会破坏食品的内部组织，营养流失多。特别是对于讲究色、香、味的家常菜来说，防止食物变质是最基本的需求，保鲜才是消费者购买冰箱时的第一需要。

03 功能是否越多越先进

如今很多产品功能设计繁杂，让用户购买了不实用的功能，更重要的是由于设计繁琐导致故障频发。从技术角度讲，功能不同要求的技术配比也存在相当的差异，发生故障的概率也就大一些。

初次使用冰箱 5 步走

冰箱是每家每户都必不可少的家用电器，我们在使用过程中难免会遇到一些问题，而对于新入手的冰箱更是需要特别注意一些事项，下面，就给大家来说说新入手冰箱的使用方法。

清洁

初次使用电冰箱的时候应该先用湿抹布擦洗一次电冰箱的内外，并且打开电冰箱门等其自然风干。

单独接线

冰箱应使用单相三孔插座，单独接线，注意保护电源线绝缘层，不得重压电线，不得自行随意更改或加长电源线，避免与其他家电共用一个插座。

安放位置

检查电冰箱安放位置是否符合要求，包括电线的安放、摆放的位置是否通风干爽，是否远离电视机等其他强磁场的家电。

首次使用减轻负载

首次使用冰箱，存放的食物不能过多，要留有适当的空间，以保持冷气流通。

静置后开机

检查无误后，冰箱应静置 2 ～ 6 小时后再开机，以免引起线路故障（搬运后的冰箱）。接通电源后，仔细听压缩机在启动和运行时的声音是否正常，是否有管路互相碰击的声音，如果噪音过大，检查产品是否摆放平稳，各个管路是否接触，并做相应的调整。若有较大的异常声音，应立即切断电源，与专业的修理人员联系。

轻松搞定冰箱小毛病

冰箱总是会出现一些小毛病，不及时找专业人士维修有时也很麻烦。其实有很多异常都是冰箱的正常情况，也有一些我们可以自己解决。

01 冰箱总是发出噪音怎么办

引起冰箱发出噪声的原因有两种：①冰箱安放位置不平。解决的方法是拧动冰箱底部的调节螺丝，调节高低。②冰箱顶部放有物品。冰箱与其顶部放置的物品会在电机启动时产生共振，发出噪声。搬走冰箱顶部的物品，可使其不产生共振。

02 压缩机为什么久动不停

新买来的冰箱开始使用时，压缩机工作了很久不停机。这不是故障，因为刚启用的冰箱内、外温度相同，要使冰箱内温度降低，压缩机必须连续工作 5 ～ 8 个小时。因此，需要冷冻的食品最好在冰箱压缩机运行 3 小时后再放入冷冻室为好。

03 冰箱表面太烫了怎么办

冰箱工作时用手摸一下外壳，感觉很烫手，有时表面温度高达 80℃～ 90℃，这是由于压缩机连续高速运转所产生的热量所引起的，同时，冷凝器表面的温度也可达到 50℃～ 60℃，这是因为制冷系统在进行热交换，这些都是正常现象。

04 冰箱出现“滴汗”现象怎么办

当天气温度高、湿度大的时候，那些无防露装置的冰箱门周围或冰箱两侧会有水滴出现，这是一种正常现象，一旦天气变干燥，这种现象也就会随之消失。但要注意，冰箱出现“淌汗”现象时，要及时用柔软的干布擦拭干净。

冰箱有霜不用愁

冰箱在使用一段时间后，内壁往往会结一层霜，这层霜如果太厚会产生很大的热阻，会影响冰箱热交换的效率，造成制冷能力下降，使得食物保存环境变坏，也造成更多的电能浪费，所以要定时除霜。那么，怎样除霜呢？

[除霜六部曲]

①首先把冷冻室的东西放到冷藏室中，所以最佳时机是冰箱里东西比较少的时候。

②接着，把冰箱电源拔掉，高级的冰箱就先关开关，再拔电源。

③然后，把冷冻室的门敞开，抽屉都拿出来。这个步骤，关键是把抽屉拿出来，再借这个机会把抽屉洗一下。

④再用湿的软毛巾反复抹擦有薄霜的地方，把霜擦下来，把冰箱里的水擦干，这样做的目的是加快除霜的速度，避免食物因为除霜变质。

⑤接着霜化了之后用干的软布擦干净。

⑥最后打开冰箱电源，等待温度差不多达到设定温度后，把冷藏室的食物移回到冷冻室就可以了。

[冰箱除霜有妙招]

在每次除完霜之后，用毛巾把冷冻室擦干，在内部四壁上涂一层植物油，待下次结霜时，因附着于含油成分的冰箱壁，霜与冰箱壁之间的吸力大大降低，所以不必费多少力气，就可轻松剥离结块。在放入冷冻食物之前，将冷冻室壁敷上一层塑料薄膜，凭借冷冻室的冷气极易贴敷上，然后放入食品冷冻。当需要除霜时，把已冷冻的食物迅速移入冷藏室暂存，只要撕下冷冻室的塑料薄膜，就能很快除霜，再把抖干净的薄膜敷上，便又可继续冷冻食物了。前后所需时间不过两分钟，非常省时、省事、省电。

选对烤箱事半功倍

俗话说："工欲善其事，必先利其器。"要想制作出美味可口的西点，就必须要提前准备好以及熟练运用各种所需工具。了解一下烘焙时需要用到的工具吧。

样式类型

嵌入式烤箱

嵌入式烤箱具有烘烤速度快、密封性好、隔热性佳、温控准确与烘烤均匀等优点，而且安装嵌入式烤箱能使厨房显得更整洁。因此，嵌入式烤箱受到越来越多消费者的青睐。

台式小烤箱

台式小烤箱的最大优点是使用方便，所以有不少消费者都会选择此类烤箱。此外，台式小烤箱的价位会因其配置的不同而不同，这也满足了不同消费阶层的需求。

功能类型

普通简易型烤箱

普通简易型烤箱比较适合偶尔想要烘烤食物的家庭。不过需要注意的是，虽然此类烤箱的价格较低，但由于需要手动控制烤箱的温度和时间，所以不太适合新手使用。

三控自动型烤箱

假如您喜欢烘烤食物，且需要经常使用不同的烘烤方式，那么您可以选用档次较高的三控自动型烤箱，三控即定时、控温、调功率。此类烤箱的各类烘烤功能齐全，但是价格较为昂贵。

控温定时型烤箱

对于一般家庭来说，选用控温定时型烤箱就已经能满足家庭日常烘烤食物的需求。控温定时型烤箱不仅功能较齐全，性价比也较高。

功率选择

烤箱的功率一般在 500 ～ 1200W，所以您在选购烤箱时，首先要考虑到家中所用电度表的容量及电线的承载能力。其次，您要考虑到您的家庭情况，如果您的家庭属于人少且不常烘烤食物的家庭，可以选择功率为 500 ～ 800W 的烤箱；如果您的家庭属于人多且经常烘烤大件食物的家庭，则可选择功率为 800 ～ 1200W 的烤箱。

容量规格

家用烤箱的容量一般是从 9 ～ 60L 不等，所以您在选择家用烤箱的容量规格时，必须要充分考虑到您主要用烤箱来烘烤什么。假如您对烤箱的使用需求不只是停留在烤肉、烤蔬菜、烤吐司片的层面上，还希望能烤出更多丰富的菜品和美味的西点，那么建议您购买 20L 以上尽可能大容量的家用烤箱。

烤箱的内胆

市面上的烤箱内胆主要分为镀锌板内胆、镀铝板内胆、不锈钢板内胆以及不粘涂层内胆这四种材质。传统镀锌板内胆正逐渐退出市场，所以不建议购买。镀铝板内胆不仅比镀锌板内胆的抗氧化能力要强、使用寿命要长，而且镀铝板内胆的性价比较高，如果您不是每天都需要使用烤箱的话，镀铝板内胆完全能满足您的家庭烘烤需求。

选购细节

想要选购一台好的烤箱，不仅要检查其外观是否完好无痕，还要检查烤箱是否密封良好，密封性好的烤箱才能减少热量的散失。其次，要仔细试验箱门的润滑程度，箱门太紧会在打开时烫伤人，箱门太松可能会在使用途中不小心脱落。选购烤箱时，还应选择有上下两个加热管和三个烤盘位，而且可控温的烤箱。

熟悉烤箱常用配件

有了心仪的烤箱，就要开始为你的烘烤做下一步的准备了。若是连常用的配件都不熟悉，恐怕要贻笑大方了。下面精选一些常用的器具，让你提前热身。

01 烤网

通常烤箱都会附带烤网，烤网不仅可以用来烤鸡翅、肉串，也可以作为面包、蛋糕的冷却架。

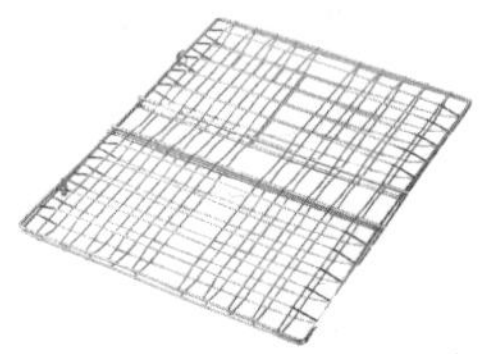

02 烤盘

烤盘一般是长方形的，钢质或铁质，可用来做苏打饼、方形比萨以及饼干等。

03 玻璃碗

玻璃碗主要用来打发鸡蛋，搅拌面粉、糖、油和水等。制作西点时，至少要准备两个以上的玻璃碗。

04 剪刀

剪刀可以用来处理食材或者裁剪烘焙纸、锡纸等，也可以给面点做出简单的造型。

05 油刷

油刷可以在烤盘上均匀地刷油，以防食物烤焦，也可以给食材刷油，提升食物质感。烘焙时可以用油刷在面坯上刷蛋黄，烤出的糕点更美味。

06 刮刀

一般的刮刀主要用于刮取罐装食品里面的食物，以及制作烘焙糕点。

07 量匙

量匙通常是塑料或者不锈钢材质的，是圆状或椭圆状带有小柄的一种浅勺，主要用来量盛液体或者少量的物体。

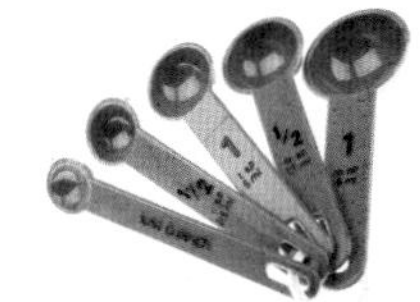

08 量杯

一般的量杯杯壁上都有容量标示，可以用来量取水、奶、油等材料。

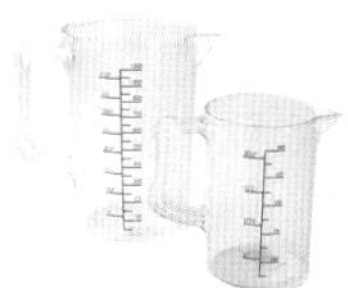

09 毛刷

毛刷主要用来刷油、刷蛋液以及刷去蛋糕屑等，也可用毛刷在食物表层刷一层液体，帮助食物上色。

10 电子秤

电子秤又称为电子计量秤，在西点制作中，用于称量各式各样的粉类、细砂糖等需要准确称量的材料。

11 电子计时器

一般厨房的计时器都是用来观察烘烤时间的，以免烘烤食物的时间不够或者超时。

烤箱初用建议

新手在尝试用烤箱烘烤的过程中，总会遭遇各种各样的状况，这时候就需要掌握一些关于烘焙的小窍门，才能够做出美味的烘焙成品。下面主要为大家介绍关于烘焙的建议和小窍门，学会这些，即使是烘焙新手，也能在制作过程中游刃有余。

烘烤前的准备工作

完整阅读配方说明

在开始烘焙之前，应仔细阅读整个配方说明，包括制作的方式、配料、工具和步骤，可以读 2 ～ 3 遍，确保每一点都很清晰。因为烘焙的所有步骤都是需要操作精确的，所以在开始前熟悉配方相当重要。

准备所需配料和工具

看完配方说明，就要准备原料和工具，接着再检查一次，看是否所有材料都准备充足。如果制作中途才发现有的原料或工具未准备，势必会影响到成品的最终效果。

让配料变回室温状态

配方说明上经常要求黄油和鸡蛋是室温状态的。所以，在拿到原料后应放置几小时，让其解冻至室温状态，此外也可以将黄油磨碎，从而使黄油变回室温状态。

准备适合的烤盘

如果配方中要求烤盘铺上烘焙纸，那就必须按步骤来做。铺上烘焙纸的烤盘可以防止饼干或蛋糕烤焦、黏锅、裂开，还能简化之后的烤盘清洁工作。

出现烤不熟或烤焦的情况

如果烘焙出来的成品，包括点心、蛋糕、面包等有不熟或烤焦的情况出现，应该先检查一下，回忆是否在制作过程中有遗漏的步骤，烘焙时间是否严格按照配方要求的时间和温度进行，因为时间和温度的误差也可能导致点心不熟或烤焦。在烘烤的时候，尤其是进入最后的阶段之后，最好能够在旁边耐心等候，并仔细观察烤箱里生坯的上色情况，避免出现不熟或烤焦的情况。

常见的烤箱故障及解决办法

使用烤箱过程中出现问题怎么办？每次都终止烘烤然后请人来修，显然费时又费力，其实，这其中很多问题我们都可以自己解决。

那么我们现在就赶紧学起来，机智处理烤箱问题，让美味不再有停留。

指示灯不亮且不加热

指示灯不亮且不加热是一种十分常见的小型家用烤箱故障，处理方法如下：

①确认供电插座是否正常供电。

②确认电路元器件是否有损坏，如有损坏联系维修中心。

③确认是否已经加热完毕，因为加热至设定时间后烤箱会自动停止工作。

④确认是否正确定时，大部分烤箱在没有设定定时的情况下是不工作的。

指示灯亮但不加热

在指示灯亮的情况下，如果电烤箱不加热，可以进行如下处理：

①检查烤箱的温度设定，如果是因为温度设置过低而致，请重新设定温度。

②检查是否因为加热已到设定温度而产生加温控制（温控器）跳开的现象。

③在排除了上述两点之后，可怀疑是否是发热体损坏的原因，如果是，请联系维修中心更换发热体。

漏电

小型家用烤箱的常见问题之一就是漏电。当漏电情况发生时，应该马上断开电烤箱的供电，做到彻底的机电分离，之后再分以下两步完成故障的诊断和处理：

①检查供电接地是否正确，如果接地不正确，必须重新接好接地再使用。

②如果发现接地线路良好，那么必须马上停用电烤箱并且联系维修中心。

蛋挞皮的制作

▶ 原料

低筋面粉 75 克

糖粉 50 克

黄油 50 克

蛋黄 15 克

面粉少许

▶ 做法

1. 往案台上倒入低筋面粉，用刮板开窝。

2. 加入黄油、糖粉，稍稍拌匀。

3. 放入蛋黄，用刮板稍微拌匀。

4. 用刮板刮入面粉，混合均匀。

5. 混合物搓揉约 5 分钟成一个纯滑面团。

6. 手中蘸上面粉，逐一取适量的面团，放在手心搓揉。

7. 取数个蛋挞模具，将揉好的面团放置在模具中，均匀贴在模具内壁。

8. 最后用手将模具边缘的面团整平即可使用。

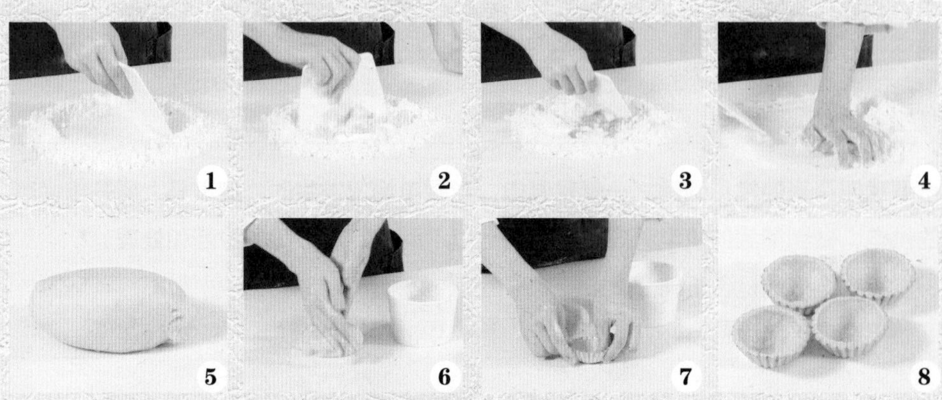

派皮的制作

▶ 原料

低筋面粉 200 克

细砂糖 5 克

清水 60 毫升

黄油 100 克

▶ 做法

1. 往案台上倒入低筋面粉，用刮板拌匀，开窝。

2. 加入黄油、细砂糖，稍稍拌匀。

3. 注入适量清水，稍微搅拌均匀。

4. 刮入面粉，将材料混合均匀。

5. 将混合物搓揉成一个纯滑面团。

6. 用擀面杖将面团均匀擀平即派皮生坯。

7. 取一派皮模具，将生坯盖在模具上。

8. 拿起模具，用刮板沿着模具边缘将多余生坯刮去，用叉子均匀戳生坯底部即可。

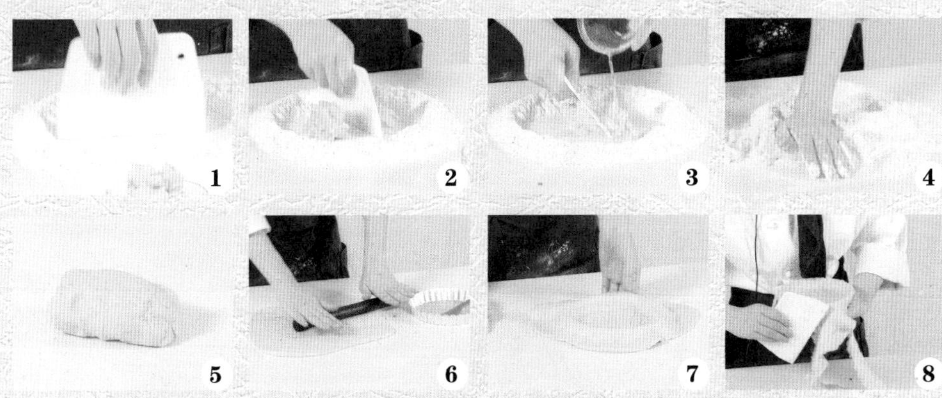

Chapter 2

甜蜜诱惑的布丁

软糯弹口的布丁一向是甜品中的佼佼者，无论是用牛奶与鸡蛋混合烤制还是加入鱼胶粉煮熟后冷藏，那入口即化的感觉让人难以忘怀。

「法式焦糖布丁」

原料 Material

淡奶油------140 克
牛奶------- 70 毫升
蛋黄------------3 个
白砂糖------- 35 克

做法 Make

1. 将奶锅放在电磁炉上，倒入淡奶油。

2. 注入牛奶。

3. 加入 15 克白砂糖，小火加热至冒热气。

4. 倒入大碗中，放置 10 分钟。

5. 蛋黄打散，倒入步骤 4 的大碗中，搅拌均匀，制成布丁液。

6. 把布丁液过滤一次。

7. 将过滤好的布丁液倒入布丁杯中。

8. 将布丁杯放入烤盘中，放入烤箱内，在烤盘里注入少许热水。

9. 以上、下火 160℃，烤 30 分钟，取出。

10. 将洗净的奶锅放在电磁炉上，倒入剩余白砂糖。

11. 加入少许清水，小火煮成焦糖，关火。

12. 将焦糖淋在布丁杯中即可。

「香草焦糖布丁」

时间：30 分钟

扫一扫做甜点

原料 Material

蛋液：

蛋黄------------2 个
全蛋------------3 个
牛奶------250 毫升
香草粉---------1 克
细砂糖------- 50 克

焦糖：

细砂糖------200 克

做法 Make

1. 锅置小火上，倒入200克细砂糖，注入适量冷水，拌匀，煮约3分钟，至材料呈琥珀色。

2. 关火后倒出材料，装入牛奶杯，常温下冷却约10分钟，至糖分凝固。

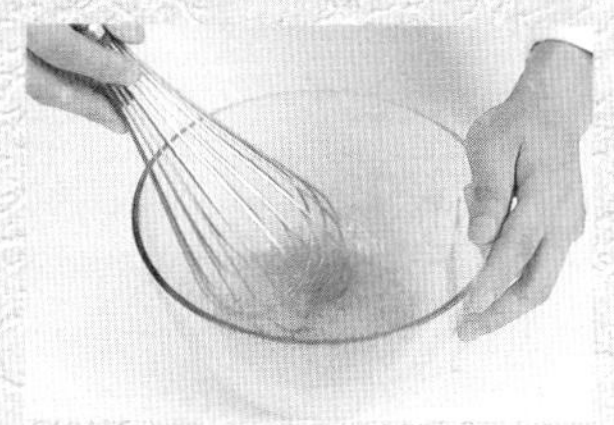

3. 取一个干净的大碗，倒入全蛋、蛋黄，放入50克细砂糖，撒上香草粉，搅拌均匀。

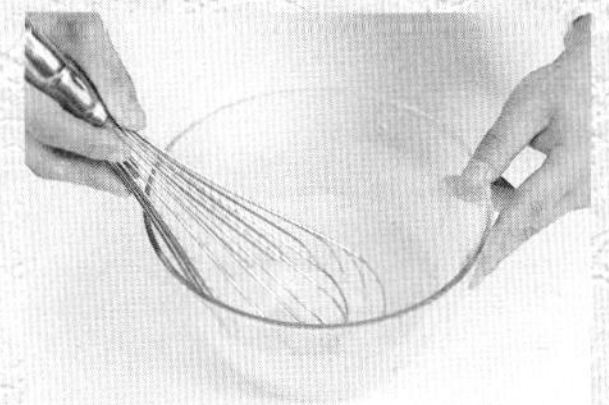

4. 注入牛奶，快速搅拌一会儿，至糖分完全溶化，制成蛋液。

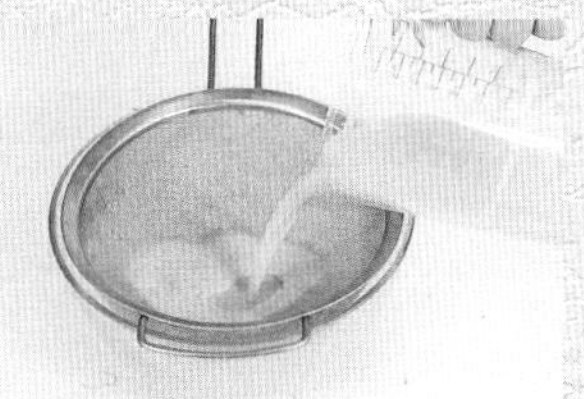

5. 将蛋液倒入量杯，再用筛网过筛两遍，滤出颗粒状杂质，使蛋液更细滑。

6. 取牛奶杯，倒入蛋液，至七八分满，制成焦糖布丁生坯。

7. 将焦糖布丁生坯放入烤盘中，再在烤盘中倒入少许清水，待用。

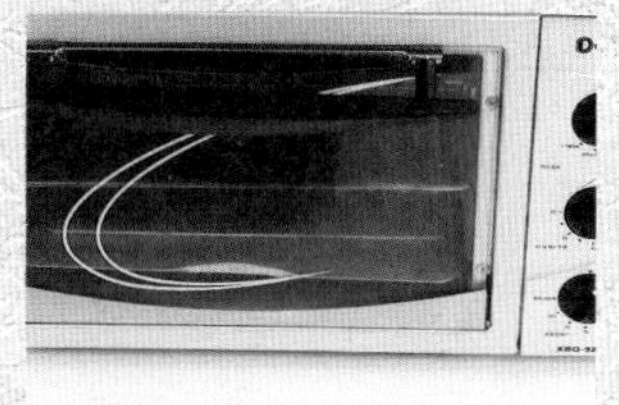

8. 烤箱预热，放入烤盘，关好。

9. 以上火175℃、下火180℃的温度，烤约15分钟，至生坯熟透，断电后取出烤盘，待稍微冷却后即可食用。

「经典焦糖布丁」

时间：35 分钟

扫一扫做甜点

原料 Material

布丁液：

牛奶------250 毫升

细砂糖------- 50 克

鸡蛋------------2 个

黄油----------- 适量

焦糖：

细砂糖------- 75 克

做法 Make

1. 在不锈钢盆里放入焦糖材料中的细砂糖和20毫升水，中火加热，煮到糖水沸腾，继续用中火熬煮。

2. 沸腾的糖浆会产生许多白沫，煮的过程中不要搅拌，即成焦糖。

3. 趁热把煮好的焦糖倒入布丁杯，在底部铺上一层即可。

4. 把布丁液材料中的牛奶和细砂糖倒入另一玻璃碗里，且用搅拌器不断搅拌，直到细砂糖溶化。

5. 加入鸡蛋，并且用搅拌器搅拌均匀，做成布丁液。

6. 把搅拌好的布丁液过筛到塑料杯中。

7. 在布丁杯的内壁涂上一层黄油，把静置好的布丁液倒入布丁杯。

8. 在烤盘里注水，放上布丁杯，烤箱上火180℃、下火160℃预热，把烤盘放入预热好的烤箱烤约20分钟，直到布丁液凝固。

9. 取出烤好的布丁，布丁冷藏食用味道更佳。

「原味布丁」

时间：25 分钟

原料 Material

牛奶-------------300 毫升
蕃茜叶---------------- 少许
原味布丁预拌粉 --- 100 克

做法 Make

1. 将 300 毫升水和牛奶倒入盆中，煮至沸腾，再倒入原味布丁预拌粉，搅拌均匀。
2. 取出油纸，铺在布丁液上吸附泡沫。
3. 将布丁液倒入量杯中。
4. 将量杯中的液体装入布丁容器，放入冰箱冷冻 15 分钟。
5. 冷冻过后把布丁从冰箱取出，放上蕃茜叶点缀即可食用。

「椰奶布丁」

时间：50 分钟

扫一扫做甜点

原料 Material

牛奶------750 毫升
细砂糖------200 克
椰汁------400 毫升
玉米淀粉---120 克

做法 Make

1. 将牛奶、椰汁、细砂糖倒入不锈钢盆中，加热搅拌均匀，使其充分混合。

2. 玻璃碗中放入 350 毫升水，再加入玉米淀粉进行搅拌。

3. 把椰奶煮至沸腾后，将步骤 2 中的玉米淀粉水慢慢加入并用搅拌器迅速搅拌，此时奶浆会变得越来越稠，当颜色接近透明时即可关火。

4. 在布丁模具中加点温开水冲涮一下，然后把奶浆装入模具中。

5. 待模具里的奶浆自然冷却后，再将模具放入冰箱冷冻半小时，取出即可。

「香草菠萝布丁」

时间：20 分钟

原料 Material

牛奶------500 毫升
细砂糖------- 40 克
香草粉------- 10 克
蛋黄------------2 个
全蛋------------3 个
菠萝粒------- 15 克

做法 Make

1. 将锅置于火上，倒入牛奶，用小火煮热。

2. 加入细砂糖、香草粉，改大火，搅拌匀，关火后放凉。

3. 将全蛋、蛋黄倒入容器中，用搅拌器拌匀。

4. 把放凉的牛奶慢慢地倒入蛋液中，边倒边搅拌。

5. 将拌好的材料用筛网过筛两次。

6. 将过筛后的布丁液先倒入量杯中，再倒入牛奶杯，至八分满。

7. 将牛奶杯放入烤盘中，倒入适量清水。

8. 将烤盘放入烤箱中，以上、下火 160 ℃，烤 15 分钟至熟。

9. 取出烤好的牛奶布丁，放凉，放入菠萝粒装饰即可。

扫一扫做甜点

「香滑菠萝牛奶布丁」

时间: 190 分钟

原料 Material

牛奶------------250 毫升
菠萝味 QQ 糖---- 50 克
全蛋------------------3 个

做法 Make

1. 用分蛋器将蛋黄和蛋白分离。
2. 取一大碗，注入 20 毫升热水，放入一个空碗，倒入 QQ 糖。
3. 搅拌至 QQ 糖溶化。
4. 锅置于火上，倒入牛奶。
5. 小火搅拌片刻至牛奶微热。
6. 加入蛋黄，搅拌均匀。
7. 放入溶化好的 QQ 糖，搅拌均匀。
8. 关火，将煮好的布丁液倒入布丁杯中。
9. 分别盖上盖子。
10. 放入冰箱冷藏 3 个小时至凝固。
11. 取出冷藏好的果冻。
12. 打开盖子，点缀 QQ 糖即可。

「草莓布丁」

时间：20 分钟

原料 Material

牛奶--------------300 毫升
草莓-------------------- 适量
草莓布丁预拌粉 ---100 克

做法 Make

1. 将 300 毫升水和牛奶倒入盆中，煮至沸腾，再倒入预拌粉，搅拌均匀。
2. 取出油纸，铺在布丁液上吸附泡沫。
3. 将布丁液倒入量杯中。
4. 将量杯中的液体装入布丁容器，放入冰箱冷冻 15 分钟。
5. 冷冻后把布丁从冰箱取出，放上草莓点缀即可食用。

「香草草莓布丁」

时间：20 分钟

原料 Material

牛奶 ----500 毫升
细砂糖------- 40 克
香草粉------- 10 克
蛋黄------------ 2 个
全蛋------------ 3 个
草莓粒------- 20 克

做法 Make

1. 将锅置于火上，倒入牛奶，用小火煮热。
2. 加入细砂糖、香草粉，改大火，搅拌匀，关火后放凉。
3. 将全蛋、蛋黄倒入容器中，用搅拌器拌匀。
4. 把放凉的牛奶慢慢地倒入蛋液中，边倒边搅拌。
5. 将拌好的材料用筛网过筛两次。
6. 先倒入量杯中，再倒入牛奶杯中，至八分满。
7. 将牛奶杯放入烤盘中，倒入适量清水。
8. 将烤盘放入烤箱中，温度调成上火 160℃、下火 160℃，烤 15 分钟至熟。
9. 取出烤好的布丁，放凉，放入草莓粒装饰即可。

扫一扫做甜点

「西米草莓布丁」

原料 Material

小西米---------50 克
草莓---------- 200 克
打发鲜奶油---80 克
牛奶------- 200 毫升
鱼胶粉---------10 克
白糖------------30 克

做法 Make

1. 锅中注入适量清水烧开，倒入小西米，搅拌片刻至小西米熟。
2. 关火后盛出煮好的西米露，装入碗中待用。
3. 取一碗，注入 40 毫升凉开水，分数次加入鱼胶粉。
4. 搅拌片刻至鱼胶粉溶化，待用。
5. 取一大碗，倒入牛奶、西米露、拌好的鱼胶粉，拌匀。
6. 加入白糖，搅拌均匀，制成布丁液。
7. 取一杯子，倒入适量的布丁液。
8. 盖上保鲜膜，放入冰箱冷藏 3 个小时至其凝固。
9. 取一碗，放入打发的鲜奶油、部分草莓。
10. 用电动搅拌器搅拌均匀，待用。
11. 取出冷藏好的布丁，撕掉保鲜膜。
12. 加入打发好的鲜奶油和草莓，放上剩余的草莓即可。

「黄桃牛奶布丁」

时间：20 分钟

原料 Material

牛奶------500 毫升
细砂糖------- 40 克
香草粉------- 10 克
蛋黄------------2 个
全蛋------------3 个
黄桃粒------- 20 克

做法 Make

1. 将锅置于火上，倒入牛奶，用小火煮热。
2. 加入细砂糖、香草粉，改大火，搅拌匀，关火后放凉。
3. 将全蛋、蛋黄倒入容器中，用搅拌器拌匀。
4. 把放凉的牛奶慢慢地倒入蛋液中，边倒边搅拌。
5. 将拌好的材料用筛网过筛两次。
6. 先倒入量杯中，再倒入牛奶杯，至八分满。
7. 将牛奶杯放入烤盘中，倒入适量清水。
8. 将烤盘放入烤箱中，温度调成上、下火 160℃，烤 15 分钟至熟。
9. 取出烤好的牛奶布丁，放凉。
10. 放入黄桃粒装饰即可。

「蓝莓布丁」

时间：30 分钟

原料 Material

全蛋------------3 个
蛋黄------------2 个
牛奶------450 毫升
细砂糖------- 40 克
蓝莓----------- 适量

做法 Make

1. 奶锅置火上，倒入细砂糖和牛奶，拌匀。
2. 略煮一会儿，至糖完全溶化。
3. 关火后倒入全蛋和蛋黄，拌匀，待凉。
4. 将放凉后的材料用细筛网过滤两次，制成蛋奶液，待用。
5. 取备好的玻璃杯，放在烤盘中，摆放整齐。
6. 注入适量的蛋奶液，至六七分满，依次撒上蓝莓。
7. 向烤盘中注入适量清水，至水位淹没容器的底座，待用。
8. 烤箱预热，慢慢地放入烤盘。
9. 关好烤箱门，以上火 180℃、下火 160℃的温度烤约 20 分钟。
10. 断电后取出烤盘，稍稍冷却后拿出烤好的成品，即可食用。

「香草蓝莓布丁」

时间：20 分钟

扫一扫做甜点

原料 Material

牛奶------500 毫升
细砂糖------- 40 克
香草粉------- 10 克
蛋黄------------2 个
全蛋------------3 个
蓝莓---------- 20 克

做法 Make

1. 将锅置于火上，倒入牛奶，用小火煮热。

2. 加入细砂糖、香草粉，改大火，搅拌匀，关火后放凉。

3. 将全蛋、蛋黄倒入容器中，用搅拌器拌匀。

4. 把放凉的牛奶慢慢地倒入蛋液中，边倒边搅拌。

5. 将拌好的材料用筛网过筛两次。

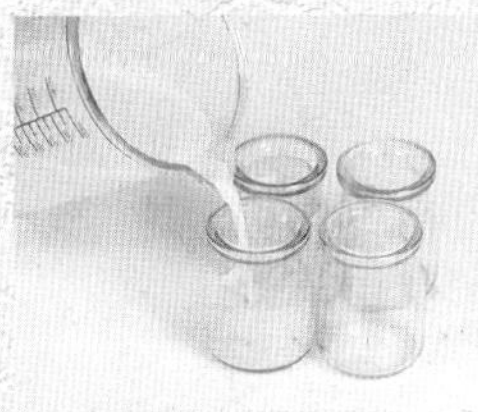

6. 先倒入量杯中，再倒入牛奶杯，至八分满。

7. 将牛奶杯放入烤盘中，倒入适量清水。

8. 将烤盘放入烤箱中，调成上火 160℃、下火 160℃，烤 15 分钟至熟。

9. 取出烤好的牛奶布丁，放凉，放入洗净的蓝莓装饰即可。

扫一扫做甜点

「樱桃布丁」

时间：55分钟

原料 Material

牛奶------500 毫升
全蛋------------3 个
蛋黄---------- 30 克
细砂糖-- 240 克
樱桃----------- 适量

做法 Make

1. 洗净的樱桃切小丁，装入碗中待用。

2. 奶锅放火上，放入牛奶，加入 40 克细砂糖，开小火，搅拌均匀至细砂糖溶化，关火待用。

3. 加入全蛋、蛋黄，将蛋液打散，搅匀。

4. 用过滤网将蛋液过滤一次，再倒入容器中。

5. 用过滤网将蛋液再过滤一次，倒入切好的樱桃，待用。

6. 剩余的细砂糖倒入锅中，加入 30 毫升纯净水，开小火。

7. 煮至溶化，加入 10 毫升的热水。

8. 在模具中倒入少量糖水，再倒入布丁液至七分满即可。

9. 把樱桃布丁放入烤盘中，在盘中加少量水。

10. 打开烤箱，将烤盘放入烤箱中。

11. 关上烤箱，以上火 160℃、下火 160℃烤约 20 分钟至熟。

12. 取出烤盘，再冷藏半个小时，倒扣在盘中即成。

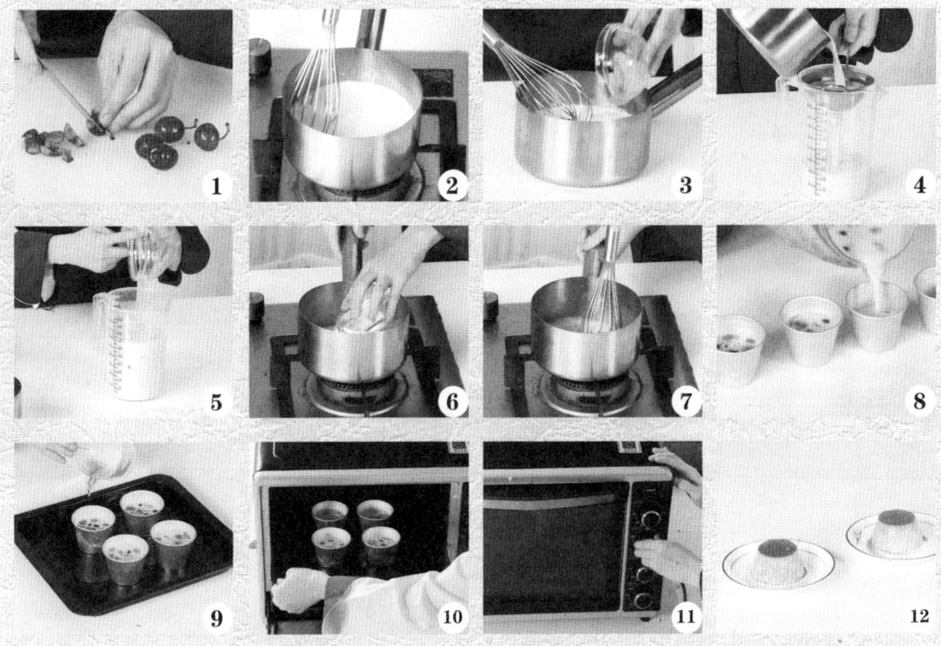

「椰奶紫薯布丁」

时间：3.5 小时

扫一扫做甜点

原料 Material

熟紫薯------- 60 克
椰奶------100 毫升
牛奶------- 80 毫升
明胶---------- 10 克
白糖---------- 35 克

做法 Make

1. 榨汁机装上搅拌刀座，倒入紫薯块。

2. 加入椰奶，倒入牛奶。

3. 盖上盖，启动榨汁机，榨约 30 秒成紫薯汁即可。

4. 取一碗，倒入榨好的紫薯汁。

5. 奶锅中倒入紫薯汁，倒入白糖，加入明胶。

6. 开小火，搅拌均匀至材料溶化，制成布丁液。

7. 待布丁液放凉，装入小杯至九分满，封上保鲜膜。

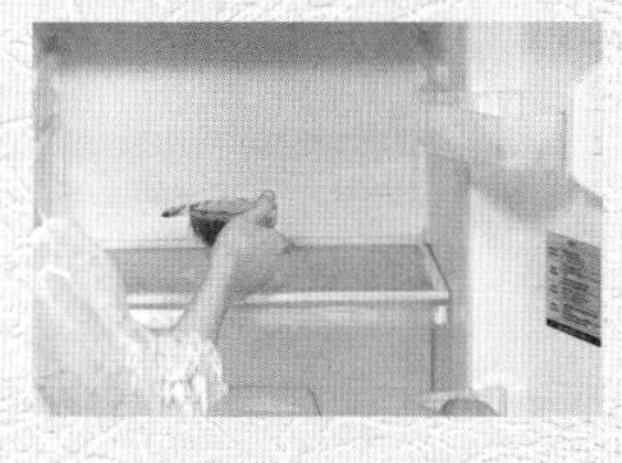

8. 放入冰箱冷藏 3 小时至成形。

9. 取出成形的布丁，撕开保鲜膜即可。

「简易芒果布丁」

时间：80 分钟

原料 Material

牛奶--------250 毫升
芒果肉----------30 克
芒果布丁粉----30 克
吉利丁片--------4 片

做法 Make

1. 将吉利丁片放入装入凉水的容器中浸泡片刻。

2. 奶锅置于灶上，倒入牛奶、芒果肉，开小火加热煮至果肉溶化。

3. 再倒入芒果布丁粉，匀速搅拌使其融化。

4. 将泡软的吉利丁片捞出，放入奶锅中，搅拌均匀。

5. 将煮好的材料倒入模具当中，晾凉片刻。

6. 放入冰箱冷藏 1 小时使其完全凝固。

7. 待 1 小时后，将布丁拿出扣入盘中脱模，食用时放上芒果肉即可。

「速成芒果布丁」

时间：25 分钟

原料 Material

牛奶--------------300 毫升
芒果肉---------------- 适量
蕃茜------------------- 适量
芒果布丁预拌粉---100 克

做法 Make

1. 将 300 毫升水和牛奶倒入盆中，煮至沸腾，再倒入芒果布丁预拌粉，搅拌均匀。
2. 取出油纸，铺在布丁液上吸附泡沫。
3. 将布丁液倒入量杯中。
4. 将量杯中的液体装入布丁容器，放入冰箱冷冻 15 分钟。
5. 冷冻过后把布丁从冰箱取出，点缀上鲜芒果、蕃茜即可食用。

扫一扫做甜点

「芒果牛奶布丁」

原料 Material

芒果丁------100 克
牛奶------160 毫升
明胶---------- 25 克
薄荷叶-------- 少许

做法 Make

1. 榨汁机装上搅拌刀座，开盖，放入芒果丁。
2. 加入一半牛奶。
3. 盖上盖，启动榨汁机，榨约 20 秒成芒果汁。
4. 取一空碗，倒入芒果汁，待用。
5. 奶锅中倒入剩余牛奶。
6. 小火加热。
7. 待牛奶稍有热度后加入明胶。
8. 搅拌至溶化。
9. 取一空碗，倒入溶化好的奶汁。
10. 将奶汁倒入芒果汁中，搅拌均匀，制成布丁汁。
11. 取一杯子，倒入布丁汁，封上保鲜膜。
12. 放入冰箱冷藏 4 小时至成形，取出成形的布丁，撕开保鲜膜，点缀薄荷叶即可。

「西瓜牛奶布丁」

时间：3.5 小时

扫一扫做甜点

原料 Material

西瓜块------100 克
牛奶------- 80 毫升
明胶粉------- 15 克
淡奶油------- 50 克
薄荷叶--------- 适量

做法 Make

1. 榨汁机装上搅拌刀座，开盖，倒入西瓜块。

2. 盖上盖，启动榨汁机，榨约 20 秒成西瓜汁。

3. 热水中倒入明胶粉，搅拌至溶化。

4. 奶锅中倒入牛奶，小火加热。

5. 待加热后加入淡奶油，搅拌均匀。

6. 倒入溶化好的明胶，搅拌均匀至奶汁微开。

7. 取一空碗，倒入奶汁，待稍放凉后加入西瓜汁，搅拌均匀，制成布丁汁。

8. 取一杯子，倒入布丁汁至九分满，待放凉后封上保鲜膜。

9. 放入冰箱冷藏 3 小时至成形，取出成形的布丁，撕开保鲜膜，点缀薄荷叶即可。

「香蕉奶茶布丁」

时间：3 小时

扫一扫做甜点

原料 Material

奶茶------400 毫升
香蕉------------1 根
琼脂------------5 克
白糖---------- 30 克
薄荷叶-------- 适量

做法 Make

1. 备一碗，装入适量清水，泡入琼脂，放置 10 分钟。

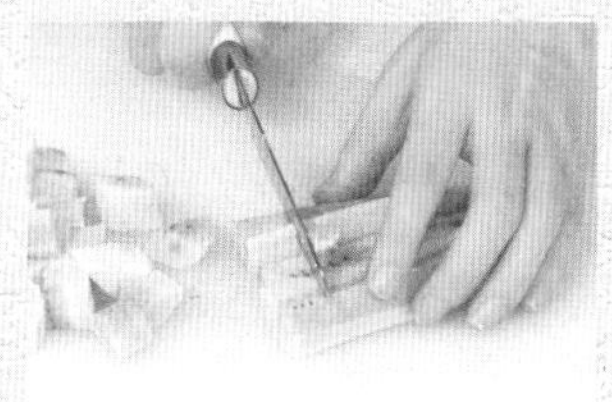

2. 香蕉切成小块，装盘。

3. 备好奶锅，倒入奶茶，放入白糖，搅拌至白糖溶化。

4. 加入琼脂，继续搅拌，至琼脂溶化，煮至微开，关火，盛出，放凉。

5. 备好榨汁机，选择搅拌刀座组合，开盖，倒入香蕉，加入奶茶。

6. 盖上盖，选择“搅拌”功能，榨约 30 秒。

7. 倒入杯中。

8. 盖上保鲜膜，放入冰箱，冷藏 2 ～ 3 小时。

9. 从冰箱取出，去掉保鲜膜，点缀薄荷叶即可。

扫一扫做甜点

「香蕉双层布丁」

时间：70 分钟

原料 Material

香蕉奶酪浆部分：

纯牛奶--------150 毫升
香蕉果肉--------- 50 克
细砂糖------------ 15 克
植物鲜奶油------ 25 克
吉利丁片-----------2 片

布丁浆部分：

纯牛奶--------150 毫升
植物鲜奶油------ 25 克
蛋黄-----------------2 个
细砂糖------------ 15 克
吉利丁片-----------2 片
薄荷叶------------- 适量

做法 Make

1. 香蕉奶酪浆： 将吉利丁片放入冷水中，泡 4 分钟。

2. 取一玻璃碗，放入香蕉果肉捣碎，制成香蕉泥。

3. 锅中倒入纯牛奶、细砂糖小火加热，拌至糖溶化。

4. 将泡软的吉利丁片捞出，放入锅中，拌至溶化。

5. 放入香蕉泥，拌匀。

6. 加入植物鲜奶油，拌溶化后关火，香蕉奶酪浆制成。

7. 取玻璃杯，倒入香蕉奶酪浆至六分满，放入冰箱冷藏 30 分钟至凝固。

8. 布丁浆： 吉利丁片放入冷水中，浸泡 4 分钟至软化。

9. 锅中倒入纯牛奶、细砂糖小火加热，拌至糖溶化。

10. 将泡软的吉利丁片捞出，放入锅中，拌至溶化。

11. 加入蛋黄，快速拌匀，倒入植物鲜奶油，拌匀后关火，布丁浆制成。

12. 取出香蕉奶酪浆，倒入布丁浆，冷藏 30 分钟，点缀薄荷叶即可。

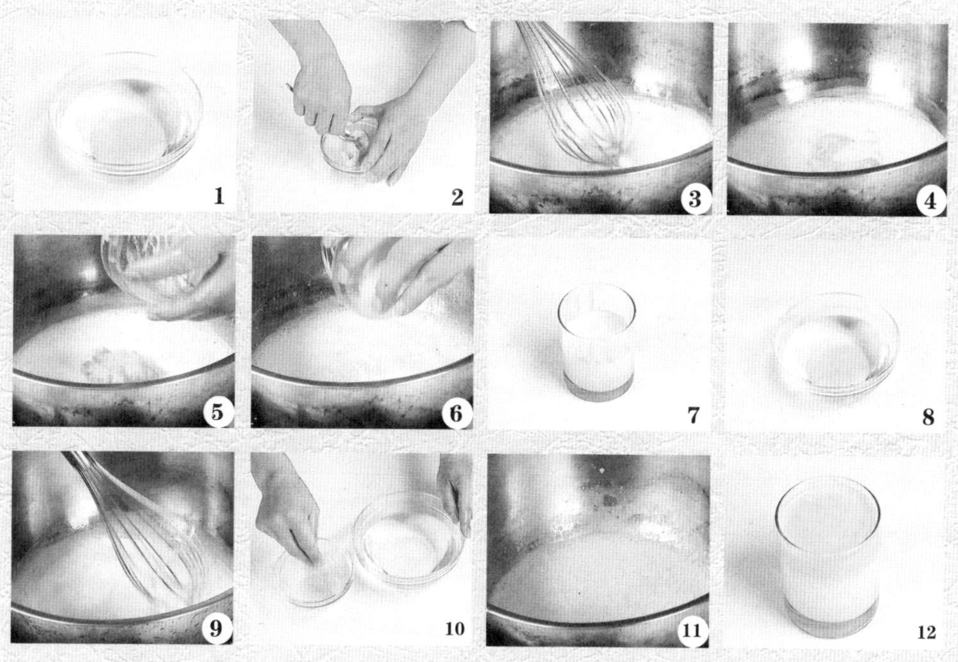

「蔓越莓双层布丁」

时间：70 分钟

扫一扫做甜点

原料 Material

奶酪浆部分：

牛奶------150 毫升

细砂糖------- 20 克

吉利丁片------3 片

淡奶油------- 25 克

布丁浆部分：

牛奶------150 毫升

细砂糖------- 20 克

吉利丁片------3 片

淡奶油------- 25 克

蔓越莓酱----- 适量

蔓越莓干----- 适量

薄荷叶-------- 适量

巧克力棒----- 适量

做法 Make

1. 布丁浆：把吉利丁片放到装有清水的容器中浸泡。

2. 把牛奶和细砂糖倒入奶锅中，开小火，拌匀至细砂糖溶化。

3. 泡好的吉利丁片放入奶锅，搅拌至溶化。

4. 加入淡奶油、蔓越莓酱，拌匀后关火后待用。

5. 将拌好的材料倒进备好的杯子中，放入冰箱中冷藏半小时。

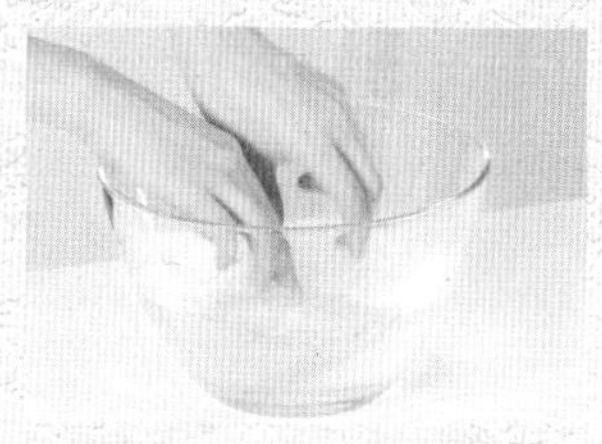

6. 奶酪浆：把吉利丁片放到装有清水的容器中浸泡。

7. 牛奶倒入奶锅中，加入细砂糖，开小火煮至溶化。

8. 吉利丁片放入奶锅，煮至溶化，加入淡奶油，拌匀后关火待用。

9. 将食材倒入杯中，放入冰箱冷藏半个小时后取出，点缀蔓越莓干、薄荷叶、巧克力棒即可。

「黄瓜牛奶布丁」

时间：3.5 小时

扫一扫做甜点

原料 Material

牛奶------260 毫升
黄瓜汁---100 毫升
鱼胶粉-------- 25 克
白糖----------- 35 克

做法 Make

1. 取 100 毫升凉开水，加入鱼胶粉，拌匀至其溶化。

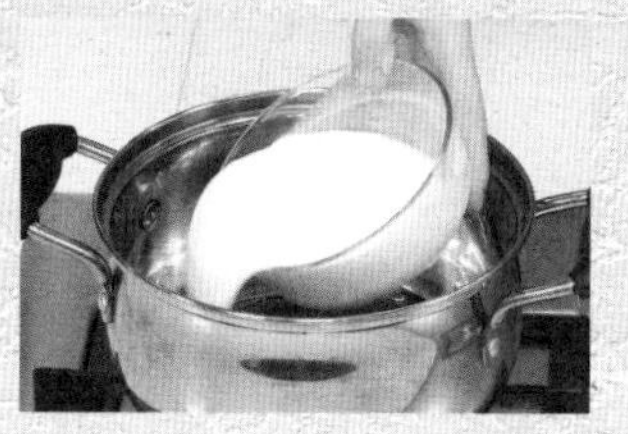

2. 锅置于火上，倒入牛奶，搅拌至牛奶微热。

3. 倒入鱼胶粉，搅拌均匀。

4. 加入白糖，稍稍搅拌至白糖溶化。

5. 关火后盛出煮好的布丁液，装入碗中，放凉待用。

6. 倒入黄瓜汁，拌匀。

7. 将拌好的布丁液装入杯子中。

8. 盖上保鲜膜，放入冰箱冷藏 3 个小时至凝固。

9. 取出冷藏好的布丁，撕掉保鲜膜即可食用。

扫一扫做甜点

「豆浆布丁」

时间：246 分钟

原料 Material

豆浆------150 毫升
牛奶------100 毫升
啫喱粉---------7 克
白糖---------- 20 克
蓝莓果酱----- 适量

做法 Make

1. 开水中倒入啫喱粉。
2. 搅拌均匀至溶化，制成啫喱液待用。
3. 奶锅中倒入豆浆。
4. 放入牛奶。
5. 加入啫喱液。
6. 转小火，不停搅拌至均匀。
7. 倒入白糖，搅拌至溶化，制成布丁汁。
8. 取一杯子，倒入布丁汁。
9. 封上保鲜膜。
10. 放入冰箱冷藏 4 小时至成形。
11. 取出成形的布丁，撕开保鲜膜。
12. 点缀上蓝莓果酱即可。

「中式面包布丁」

时间：10 分钟

原料 Material

面包片------- 30 克
鸡蛋------------1 个
牛奶------100 毫升
白糖------------4 克

做法 Make

1. 鸡蛋打入碗中，打散，调匀。
2. 面包片切条，再切成丁。
3. 取一个干净的碗，倒入蛋液。
4. 再倒入适量牛奶，搅拌均匀。
5. 放入适量白糖，搅拌至白糖完全溶化。
6. 把蛋液倒入一个小碗中，放入面包丁。
7. 把加工好的蛋液放入烧开的蒸锅中。
8. 盖上盖子，用小火蒸 8 分钟。
9. 关火，把做好的面包布丁取出。
10. 冷却后即可食用。

「英伦面包布丁」

时间：30 分钟

原料 Material

面包------------1 片
牛奶------100 毫升
鸡蛋------------1 个
白糖---------- 10 克

做法 Make

1. 先将面包掰成小块放入马克杯中备用。

2. 取另一个马克杯，放入牛奶、鸡蛋、白糖混合后，搅拌均匀，静置 15 分钟，成布丁液。

3. 把布丁液倒入放有面包的马克杯中，稍微摇晃，让面包充分沾取布丁液。

4. 将装有食材的马克杯放入装有温水的烤盘中，再将烤盘放入事先预热至 150℃的烤箱中，烤至布丁表面凝固即可。

扫一扫做甜点

「咖啡双色布丁」

时间：70 分钟

原料 Material

咖啡奶酪浆部分：

纯牛奶------- 150 毫升

植物鲜奶油------25 克

咖啡粉------------10 克

细砂糖------------15 克

吉利丁片---------- 2 片

布丁浆部分：

纯牛奶------- 150 毫升

植物鲜奶油------25 克

细砂糖------------15 克

吉利丁片---------- 2 片

薄荷叶-------------适量

做法 Make

1. 咖啡奶酪浆：将吉利丁片放入冷水中，浸泡 4 分钟。

2. 锅中倒入纯牛奶、细砂糖小火加热，拌至糖溶化。

3. 取出泡好的吉利丁片，挤干水分。

4. 将吉利丁片放入锅中，拌至溶化，放入咖啡粉，拌匀。

5. 加入植物鲜奶油，拌溶化后关火，咖啡奶酪浆制成。

6. 取一玻璃杯，将咖啡奶酪浆倒入其中至六分满，放入冰箱冷藏 30 分钟至凝固。

7. 布丁浆：将吉利丁片放入冷水中，浸泡 4 分钟。

8. 锅中倒入纯牛奶、细砂糖小火煮制，拌至糖溶化。

9. 将泡软的吉利丁片捞出并挤干水分。

10. 将吉利丁片放入锅中，搅拌至溶化。

11. 锅中倒入植物鲜奶油，拌匀后关火，布丁浆制成。

12. 取出冷藏好的咖啡奶酪浆，倒入煮好的布丁浆，再次放入冰箱冷藏 30 分钟，取出，点缀薄荷叶即可。

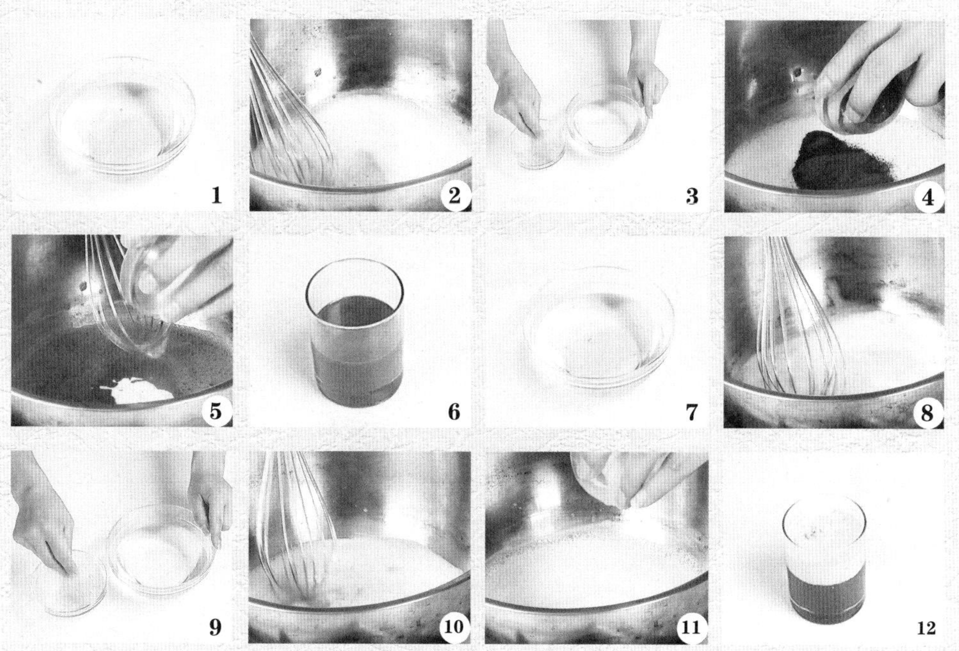

「水晶玫瑰布丁」

时间：130 分钟

扫一扫做甜点

原料 Material

琼脂------------ 4 克
干玫瑰花---- 10 克

做法 Make

1. 取一碗，注入适量凉水，放入琼脂，浸泡3分钟至软。

2. 取一杯子，注入适量热水，加入干玫瑰花，浸泡3分钟至花苞散开。

3. 将泡好的玫瑰花茶过滤到碗中，待用。

4. 锅置于火上，倒入玫瑰花茶，放入泡好的琼脂。

5. 小火不停搅拌至琼脂溶化。

6. 关火后盛出煮好的布丁液，装入碗中放凉待用。

7. 待放凉后盖上保鲜膜，放入冰箱冷藏2个小时至凝固。

8. 取出冷藏好的布丁，撕掉保鲜膜即可。

「红茶布丁」

时间：30 分钟

原料 Material

袋装红茶------2 包
纯牛奶---410 毫升
细砂糖------- 80 克
全蛋-----------1 个
蛋黄------------4 个

做法 Make

1. 锅中倒入 200 毫升牛奶，用大火煮开。
2. 放入红茶包，转小火略煮一会儿，取出红茶包后关火。
3. 将蛋黄、全蛋、细砂糖倒入容器中，用搅拌器搅拌均匀。
4. 倒入剩余的牛奶，快速搅拌均匀。
5. 用筛网将拌好的材料过筛两遍。
6. 倒入煮好的红茶牛奶，拌匀，制成红茶布丁液。
7. 将红茶布丁液倒入量杯中，再倒入牛奶杯内。
8. 把牛奶杯放入烤盘，在烤盘上倒入适量清水。
9. 将烤盘放入烤箱，调成上火 170℃、下火 160℃，烤 15 分钟至熟即可。

「抹茶布丁」

时间：30分钟

原料 Material

牛奶--------------300毫升
干桂花 --------------- 少许
抹茶布丁预拌粉---100克

做法 Make

1. 将300毫升水和牛奶倒入盆中，煮至沸腾，再倒入抹茶布丁预拌粉，搅拌均匀。

2. 取出油纸，铺在布丁液上吸附泡沫。

3. 将布丁液倒入量杯中。

4. 将量杯中的液体装入布丁容器，放入冰箱冷冻15分钟。

5. 冷冻过后把布丁从冰箱取出，点缀少许干桂花即可。

「抹茶焦糖双层布丁」

时间：70 分钟

扫一扫做甜点

原料 Material

抹茶奶酪浆部分：

纯牛奶--------150 毫升
植物鲜奶油------ 25 克
抹茶粉------------ 10 克
细砂糖------------ 15 克
吉利丁片-----------2 片

焦糖浆部分：

纯牛奶--------150 毫升
植物鲜奶油------ 25 克
细砂糖------------ 15 克
焦糖-------------20 毫升
吉利丁片-----------2 片
西芹叶------------- 适量

做法 Make

1. 抹茶奶酪浆：将吉利丁片放入冷水中，浸泡 4 分钟至软化。

2. 锅中倒入纯牛奶、细砂糖，用小火加热，搅拌至细砂糖溶化，将泡软的吉利丁片捞出并挤干水分，放入锅中，煮至溶化。

3. 放入抹茶粉，拌匀，加入植物鲜奶油，搅拌至溶化后关火，抹茶奶酪浆制成。

4. 取一玻璃杯，倒入抹茶奶酪浆至六分满，放入冰箱冷藏 30 分钟至凝固。

5. 焦糖浆：将吉利丁片放入冷水中，浸泡 4 分钟至软化。

6. 锅中倒入纯牛奶、细砂糖，用小火煮制，搅拌至细砂糖溶化。

7. 将泡软的吉利丁片捞出并挤干水分，放入锅中，搅拌至溶化。

8. 倒入焦糖，拌匀，倒入植物鲜奶油，拌匀后关火，焦糖浆制成。

9. 取出冷藏好的抹茶奶酪浆，倒入煮好的焦糖浆至八分满，再次放入冰箱冷藏 30 分钟，取出，点缀西芹叶即成。

扫一扫做甜点

「巧克力双色布丁」

时间：70 分钟

原料 Material

巧克力奶酪浆部分：

纯牛奶-------150 毫升
细砂糖----------- 15 克
巧克力果膏-- 30 毫升
可可粉-------------5 克
植物鲜奶油----- 25 克
吉利丁片----------2 片

布丁浆：

纯牛奶-------150 毫升
细砂糖----------- 15 克
植物鲜奶油----- 25 克
吉利丁片----------2 片
西芹叶------------ 适量

做法 Make

1. 巧克力奶酪浆：将吉利丁片放入冷水中，浸泡 4 分钟。
2. 锅中倒入纯牛奶、细砂糖小火加热，拌至糖溶化。
3. 将泡软的吉利丁片捞出，放入锅中，搅拌至溶化。
4. 倒入可可粉，拌匀，加入巧克力果膏，拌匀。
5. 倒入植物鲜奶油，拌溶化后关火，巧克力奶酪浆制成。
6. 取玻璃杯，倒入巧克力奶酪浆至六分满，放入冰箱冷藏 30 分钟至凝固。
7. 布丁浆：将吉利丁片放入冷水中，浸泡 4 分钟。
8. 锅中倒入纯牛奶、细砂糖，用小火加热，搅拌至细砂糖溶化。
9. 将泡软的吉利丁片捞出并挤干水分。
10. 将泡软的吉利丁片放入锅中，搅拌全溶化。
11. 倒入植物鲜奶油，拌匀后关火，布丁浆制成。
12. 取出冷藏好的巧克力奶酪浆，倒入煮好的布丁浆，放入冰箱冷藏 30 分钟，取出，点缀西芹叶即可。

「鸡蛋布丁」

时间：80 分钟

扫一扫做甜点

原料 Material

牛奶------- 50 毫升
蛋黄---------- 50 克
吉利丁--------- 4 片
细砂糖------- 80 克

做法 Make

1. 将吉利丁片放入装入凉水的容器中浸泡片刻。

2. 奶锅置于灶上，倒入250毫升水、牛奶，开小火加热。

3. 再倒入细砂糖，匀速搅拌使砂糖溶化。

4. 将泡软的吉利丁片捞出，沥干水分，放入奶锅中，搅拌均匀。

5. 关火，加入备好的蛋黄，搅散搅匀。

6. 将煮好的材料倒入模具当中，放凉。

7. 放入冰箱冷藏1小时使其完全凝固。

8. 待1小时后，将布丁拿出即可食用。

「速成鸡蛋布丁」

时间：30 分钟

原料 Material

牛奶--------------300 毫升
鸡蛋布丁预拌粉---100 克

做法 Make

1. 将 300 毫升水和牛奶倒入盆中，煮至沸腾，再倒入预拌粉，搅拌均匀。

2. 取出油纸，铺在布丁液上吸附泡沫。

3. 将布丁液倒入量杯中。

4. 将量杯中的液体装入布丁容器，放入冰箱冷冻 15 分钟。

5. 冷冻过后把布丁从冰箱取出，即可食用。

「QQ 糖鸡蛋布丁」

时间：3 小时 5 分钟

原料 Material

QQ 糖 ------- 24 克
牛奶------100 毫升
鸡蛋------------1 个

做法 Make

1. 鸡蛋取蛋黄部分放入碗中，倒入牛奶，搅拌均匀成牛奶蛋黄液。

2. 取一小碗，加清水，将 QQ 糖倒入清水中。

3. 备一大碗，倒入开水，放入装有 QQ 糖的小碗，借助开水的温度，搅拌 QQ 糖至溶化。

4. 奶锅中倒入牛奶蛋黄液，开小火，倒入溶化的 QQ 糖浆，搅拌均匀成布丁液。

5. 备好小碗，倒入布丁液至九分满，待布丁液冷却后封上保鲜膜。

6. 放入冰箱冷藏 2 ～ 3 小时至成形，取出成形的布丁，撕开保鲜膜，点缀 QQ 糖即可。

「奶油鸡蛋布丁」

时间：40 分钟

原料 Material

全蛋------------2 个
蛋黄---------- 12 克
白砂糖------- 26 克
牛奶------226 毫升
淡奶油------- 40 克
蕃茜----------- 适量

做法 Make

1. 将蛋黄倒入大碗中，打入全蛋，蛋壳留着备用，用搅拌器搅拌均匀。

2. 加入白砂糖，再次搅拌均匀。

3. 倒入淡奶油，搅拌均匀。

4. 一边搅拌一边淋入牛奶，拌匀，制成布丁液。

5. 将布丁液用滤网过滤一次。

6. 将蛋壳放在模具中，在蛋壳里注入布丁液。

7. 将模具放入烤盘中，放入烤箱内，在烤盘里注入少许热水。

8. 以上、下火 160℃，烤 30 分钟，取出，点缀蕃茜即可。

「香滑果冻布丁」

时间：2 小时

扫一扫做甜点

原料 Material

鱼胶粉------- 30 克
牛奶------- 50 毫升
白糖---------- 20 克
蛋黄------------1 个
薄荷叶-------- 适量

做法 Make

1. 锅中注入 200 毫升清水烧开，倒入牛奶、白糖。

2. 搅拌片刻至白糖溶化。

3. 分数次加入鱼胶粉，用小火搅拌至鱼胶粉溶化。

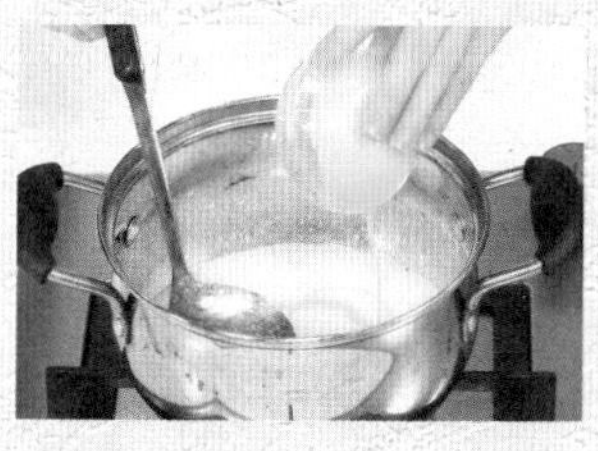

4. 关火后放入蛋黄。

5. 搅拌片刻至融合在一起。

6. 盛出煮好的布丁液，倒入洗净的杯子中，待凉。

7. 将放凉的布丁液盖上保鲜膜，放入冰箱冷藏 2 个小时至凝固。

8. 从冰箱中取出冻好的布丁，撕掉保鲜膜，点缀薄荷叶即可。

「烤牛奶布丁」

时间：15 分钟

原料 Material

牛奶------260 毫升
香草粉---------5 克
鸡蛋------------5 个
白砂糖------- 30 克

做法 Make

1. 将 3 个鸡蛋打入大碗中，剩余 2 个蛋黄分离入碗中。

2. 倒入白砂糖，搅拌均匀，放入香草粉，拌匀，再倒入牛奶，搅拌均匀，制成布丁液。

3. 将布丁液过筛两遍，使布丁液更细腻。

4. 先将布丁液倒入量杯中，再倒入牛奶杯至八分满即可。

5. 将牛奶杯放入烤盘中，在烤盘中加少量水，以备隔水烤制。

6. 把烤盘放入烤箱，用上、下火 160℃，烤 15 分钟，烤至蛋液不晃动，拿出牛奶杯即可。

「冰爽香草牛奶布丁」

时间：125 分钟

原料 Material

鱼胶粉------- 25 克
香草粉------- 15 克
白糖---------- 50 克
牛奶------260 毫升

做法 Make

1. 将鱼胶粉倒入 80 毫升凉开水中，搅匀。
2. 把牛奶倒入奶锅，搅拌均匀，用小火煮至微开。
3. 放入香草粉、白糖，煮至溶化。
4. 倒入调好的鱼胶粉，搅匀，关火，把煮好的布丁浆盛出，放凉。
5. 取杯子，倒入布丁浆至九分满，封上保鲜膜，放入冰箱冷藏 2 小时。
6. 取出布丁，去掉保鲜膜即可。

「卡仕达布丁」

时间：4.5 小时

原料 Material

焦糖糖浆：

细砂糖------- 30 克

布丁体：

鸡蛋------------2 个

细砂糖------- 25 克

牛奶------250 毫升

橙酒------- 10 毫升

香草荚------ 1/4 条

卡仕达粉------5 克

做法 Make

1. 焦糖糖浆：将细砂糖和 15 毫升的水倒入小锅中。

2. 边加热边搅拌至糖呈焦色。

3. 将焦糖糖浆倒入布丁杯中做底。

4. 布丁体：鸡蛋搅散。

5. 加入细砂糖，搅拌均匀。

6. 将牛奶、橙酒、卡仕达粉倒入锅里，煮至沸腾，关火。

7. 加入剪碎的香草荚，拌匀，再次煮沸，关火。

8. 将香草牛奶加入到鸡蛋液中，边加入边搅拌。

9. 把搅拌均匀后的液体用筛网过筛一遍，布丁液完成。

10. 将过筛的布丁液加入到布丁杯中。

11. 布丁杯放在烤盘上。

12. 烤盘洒水，放进预热至 150℃的烤箱中层，烘烤 1 小时即可。

清爽果冻与浓香奶酪

同样爽滑的口感，同样果味十足。就让清爽的果冻与奶油味十足的奶酪，来一场大比拼，选出心爱的味道。

「青柠酒冻」

时间：15分钟

原料 Material

白葡萄酒---150 毫升
浓缩柠檬汁- 10 毫升
细砂糖---------- 50 克
吉利丁片---------5 克
黄柠檬----------- 适量
青柠檬----------- 适量
冰块-------------- 适量

做法 Make

1. 将青柠檬切成薄片。
2. 将黄柠檬切成薄片。
3. 吉利丁片用冷水泡 4 分钟。
4. 将白葡萄酒倒入锅中。
5. 倒入浓缩柠檬汁。
6. 加入细砂糖。
7. 加入泡软的吉利丁片。
8. 用软刮持续搅拌至吉利丁片完全溶化。
9. 准备一盆水，放入冰块。
10. 将柠檬酒果冻液装入干净的容器中，隔冰块水降温至柠檬酒果冻液开始变得浓稠。
11. 将柠檬酒果冻液倒入杯中至八分满。
12. 再把青柠檬片和黄柠檬片放在果冻液表面和杯口装饰即可。

「巧克力果冻」

时间：33 分钟

扫一扫做甜点

原料 Material

可可粉------- 10 克
细砂糖------- 50 克
果冻粉------- 10 克
薄荷叶-------- 适量
樱桃----------- 适量

做法 Make

1. 锅置于灶上，倒入清水大火烧开。

2. 加入可可粉，转小火煮至溶化。

3. 倒入备好的细砂糖、果冻粉。

4. 持续搅拌片刻，使其均匀。

5. 关火，将煮好的食材倒入模具中，至八分满。

6. 放凉后放入冰箱冷藏30分钟使其凝固。

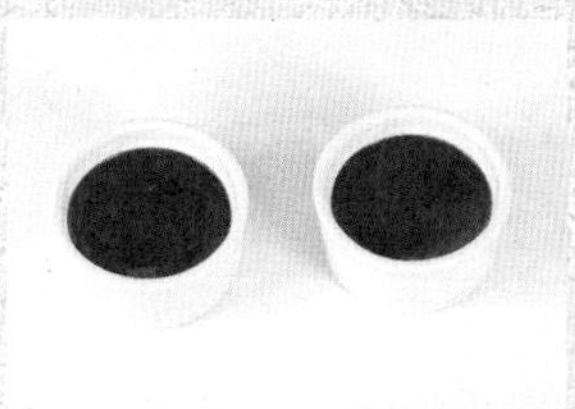

7. 从冰箱取出果冻，点缀薄荷叶、樱桃即可。

放入冰箱前也可以在模具上层覆盖保鲜膜以免串味。

「樱桃果冻」

时间：122 分钟

原料 Material

樱桃---------- 50 克

水发琼脂---500 克

甜菊糖---------6 克

做法 Make

1. 将樱桃对半切开，去核，切碎，备用。

2. 砂锅中注入适量清水烧开，放入甜菊糖。

3. 倒入水发琼脂，搅拌匀，煮至溶化。

4. 放入切好的樱桃，拌匀，略煮片刻。

5. 把煮好的樱桃琼脂汁盛出，装入碗中。

6. 放入冰箱冷冻 2 小时，至完全凝固。

7. 将制成的樱桃果冻取出，装入盘中即可。

「草莓奶冻」

时间：35 分钟

原料 Material

牛奶------500 毫升
果冻粉------- 20 克
白砂糖------100 克
焦糖浆-------- 适量
草莓----------- 适量

做法 Make

1. 将锅置于火炉上，烧热。
2. 倒入牛奶，煮沸。
3. 加入白砂糖、果冻粉，拌匀，煮开。
4. 将煮好的果冻液倒入花形碗中，放入冰箱冷藏 30 分钟。
5. 取出花形碗，倒扣在小盘中，取走花形碗，果冻就成形了。
6. 在果冻上淋上适量的焦糖浆，放上草莓装饰即可。

「桂圆枸杞果冻」

时间：186 分钟

扫一扫做甜点

原料 Material

桂圆肉------- 30 克
枸杞---------- 15 克
明胶---------- 15 克
红糖------------ 5 克

做法 Make

1. 取一个碗，倒入清水，加入明胶，拌匀，放在一边待用。

2. 砂锅中注入适量清水烧开，倒入桂圆肉，拌匀。

3. 盖上盖，大火烧开后转小火煮 10 分钟至桂圆熟软。

4. 揭盖，加入枸杞、红糖，拌匀。

5. 盖上盖，大火煮开之后转小火煮 5 分钟至析出有效成分。

6.揭盖，倒入调好的明胶。

7. 转中火，搅拌片刻至明胶完全溶化。

8. 关火，将煮好的果冻汁盛出，装入碗中，放入冰箱冷藏 2~3 小时即可。

「菠萝果肉果冻」

时间：30 分钟

原料 Material

细砂糖--------100 克
果冻粉--------- 20 克
菠萝果肉粒--- 30 克

做法 Make

1. 锅中注入 500 毫升清水，大火煮沸。
2. 改小火，将细砂糖、果冻粉倒入锅中，快速搅拌均匀，即成果冻水。
3. 把菠萝果肉粒放入备好的碗中。
4. 倒入煮好的果冻水。
5. 待放凉后放入冰箱冷藏至成形即可。

「黄桃果肉果冻」

时间：30 分钟

原料 Material

细砂糖--------100 克
果冻粉--------- 20 克
黄桃果肉粒--- 30 克

做法 Make

1. 锅中注入 500 毫升清水，大火煮沸。
2. 改小火，将细砂糖、果冻粉倒入锅中，快速搅拌均匀，即成果冻水。
3. 把黄桃果肉粒放入备好的碗中。
4. 倒入煮好的果冻水。
5. 待放凉后放入冰箱冷藏至成形即可。

「西瓜果冻」

时间：190 分钟

扫一扫做甜点

原料 Material

西瓜---------500 克
鱼胶粉------- 15 克
白糖---------- 50 克

做法 Make

1. 取一大碗，倒入开水。

2. 取一小碗，放到开水中，加入150毫升凉开水，再加入鱼胶粉，隔水加热，搅拌至鱼胶溶化。

3. 西瓜挖出果肉装入碗中，留皮待用。

4. 榨汁机装上搅拌刀座，倒入西瓜肉，放入白糖，盖上盖，启动榨汁机，榨约20秒成西瓜汁。

5. 取一大碗，用滤网将西瓜汁过滤到大碗中。

6. 倒入溶化好的鱼胶粉，搅拌均匀，制成果冻汁，倒入西瓜皮中。

7. 把装好果冻汁的西瓜皮放入一个大的玻璃碗中以保持平衡，封上保鲜膜。

8. 放入冰箱冷冻3小时至成形，取出冻好的西瓜果冻，揭开保鲜膜。

9. 放入少许西瓜子点缀即可。

「葡萄果冻」

时间：35 分钟

原料 Material

果冻粉------- 10 克
细砂糖------- 50 克
葡萄----------- 适量
薄荷叶-------- 适量

做法 Make

1. 葡萄对半切开，待用。
2. 250 毫升纯净水倒入牛奶锅中，煮至沸腾。
3. 加入果冻粉，拌匀，加入细砂糖。
4. 拌匀至溶化，待用。
5. 将葡萄放进备好的果冻模具。
6. 倒入果冻汁至八分满即可。
7. 放凉过后放入冰箱冷藏半个小时后取出，用剥好皮的葡萄、薄荷叶点缀即可。

「红提果冻」

时间：68 分钟

原料 Material

红提---------100 克
白糖---------- 30 克
吉利丁片------2 片

做法 Make

1. 把吉利丁片放入清水中浸泡 4 分钟至其变软。
2. 捞出泡好的吉利丁片，装碗备用。
3. 把 200 毫升清水倒入锅中，放入白糖，用搅拌器搅匀。
4. 放入吉利丁片，煮至溶化。
5. 把部分果冻汁盛入杯中。
6. 将红提放入杯中，再倒入剩余的果冻汁，至九分满，放入冰箱冷冻 1 小时至果冻成形。
7. 取出果冻即可。

「火龙果果冻」

时间：68 分钟

原料 Material

火龙果肉---100 克
吉利丁片------2 片
白糖---------- 30 克

做法 Make

1. 把吉利丁片放入清水中浸泡 4 分钟至其变软。
2. 捞出泡好的吉利丁片，装碗备用。
3. 把 200 毫升清水倒入锅中，放入白糖，用搅拌器搅匀。
4. 倒入吉利丁片，搅拌均匀，煮至溶化。
5. 放入 80 克火龙果肉，搅匀。
6. 把果冻汁倒入杯中，待凉后放入冰箱冷冻 1 小时至果冻成形。
7. 取出果冻，放入剩余火龙果肉即可。

「芒果果冻」

时间：68 分钟

原料 Material

芒果肉-------- 适量
吉利丁片------2 片
白糖---------- 30 克

做法 Make

1. 把吉利丁片放入清水中浸泡 4 分钟至其变软。
2. 捞出泡好的吉利丁片，装碗备用。
3. 把 200 毫升清水倒入锅中，放入白糖，用搅拌器搅匀。
4. 放入吉利丁片，搅匀，煮至溶化。
5. 倒入芒果肉，拌匀。
6. 把果冻汁倒入杯中，放入冰箱冷冻 1 小时至果冻成形。
7. 取出果冻，放上适量芒果肉即可。

「芒果果泥果冻」

时间： 2 小时

原料 Material

芒果酱------100 克
果冻粉------- 25 克
细砂糖------- 20 克
朗姆酒---- 10 毫升
薄荷叶-------- 适量

做法 Make

1. 将芒果酱倒入锅里。
2. 一边加热一边用橡皮刮刀搅拌均匀。
3. 先倒入一部分细砂糖。
4. 搅拌均匀。
5. 再倒入剩余的细砂糖。
6. 搅拌至细砂糖完全与芒果酱融合。
7. 倒入果冻粉。
8. 用橡皮刮刀继续搅拌。
9. 倒入朗姆酒。
10. 搅拌均匀，果冻液完成。
11. 将果冻液倒入甜品杯中抹平。
12. 放入冰箱冷藏至凝固，点缀薄荷叶即可。

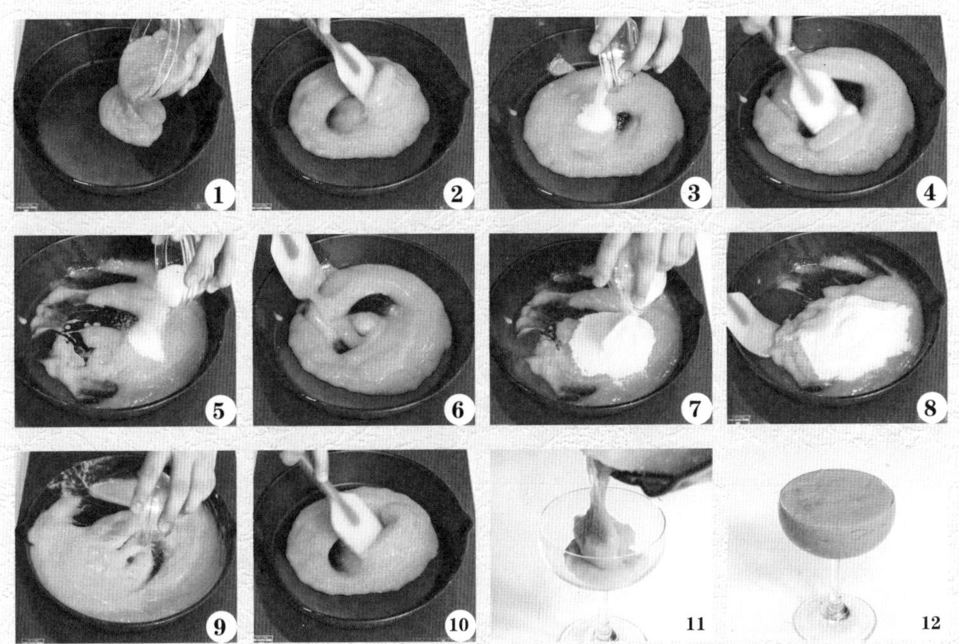

「芒果果冻粉果冻」

时间：65 分钟

原料 Material

细砂糖----------100 克
芒果味果冻粉---20 克
蕃茜----------------适量

做法 Make

1. 将 500 毫升清水倒入锅中，用大火烧开，待用。

2. 将原味果冻粉倒入装有细砂糖的碗中。

3. 把细砂糖、芒果味果冻粉一起倒入锅中，快速拌匀，至其溶化后关火。

4. 将煮好的芒果味果冻水倒入模具中，待凉后放入冰箱冷藏 1 小时。

5. 用硅胶垫盖在模具上，并翻转过来。

6. 再将硅胶垫放在盘中。

7. 慢慢地拖动硅胶垫，使果冻落在盘中，点缀蕃茜即可。

「柠檬汁果冻」

时间：68 分钟

原料 Material

柠檬汁---- 15 毫升
白糖---------- 30 克
吉利丁片------2 片
柠檬丁-------- 适量

做法 Make

1. 把吉利丁片放入清水浸泡 4 分钟至其变软。
2. 捞出泡好的吉利丁片，装碗备用。
3. 把 200 毫升清水倒入锅中，放入白糖，用搅拌器搅匀。
4. 倒入柠檬汁，搅匀。
5. 放入吉利丁片，搅匀，煮至溶化。
6. 把果冻汁倒入杯中，放入冰箱冷冻 1 小时至果冻成形。
7. 取出果冻点缀柠檬丁即可。

「焦糖苹果巴伐利亚奶冻」

时间：200 分钟

原料 Material

牛奶------150 毫升
淡奶油------150 克
白砂糖------100 克
吉利丁片------6 克
蛋黄------------2 个
可可粉、苹果块、芒果块、香草精、薄荷叶----- 各适量

做法 Make

1. 将淡奶油倒入大玻璃碗中，用电动搅拌器打至八分发。

2. 把牛奶倒入锅中，加入 25 克白砂糖，小火搅拌至沸腾，关火。

3. 蛋黄中加入 25 克白砂糖，搅拌片刻。

4. 蛋黄中倒入一半煮好的奶液，制成蛋黄液搅拌均匀。

5. 将蛋黄液倒回锅中，开火，小火搅拌片刻。

6. 放入泡软的吉利丁片，关火，搅拌至溶化，冷却片刻。

7. 加入香草精搅拌均匀，再倒入打发的淡奶油拌匀，即为奶冻糊，备用。

8. 将苹果块倒入锅中，小火翻炒至水分微干，倒入 25 克白砂糖，搅拌至苹果呈焦糖色，倒入碗中。

9. 锅中倒入剩余白砂糖，注入适量清水，小火熬成焦糖液。

10. 将奶冻液倒入锅中，搅拌均匀，关火。

11. 将奶冻液倒入装有苹果块的碗中，冷藏 3 小时，取出。

12. 撒上可可粉，点缀芒果块、薄荷叶即可。

「苹果果冻」

时间：68 分钟

原料 Material

苹果---------100 克
吉利丁片------2 片
白糖---------- 30 克

做法 Make

1. 把吉利丁片放入清水浸泡 4 分钟至其变软。
2. 捞出泡好的吉利丁片，装碗备用。
3. 把 200 毫升清水倒入锅中，放入白糖，用搅拌器搅匀。
4. 倒入吉利丁片，搅匀，煮至溶化。
5. 把果冻汁倒入杯中，放入冰箱冷冻 1 小时至果冻成形。
6. 取出果冻，放上少许苹果片即可。

「甜橙果冻」

时间：68 分钟

原料 Material

橙子肉------- 50 克
吉利丁片------ 2 片
白糖---------- 30 克
橙汁------- 35 毫升

做法 Make

1. 将吉利丁片放入清水中浸泡 4 分钟至其变软。

2. 捞出泡好的吉利丁片，备用。

3. 把 100 毫升清水倒入锅中，放入白糖，用搅拌器搅匀，煮至白糖溶化。

4. 倒入橙汁，搅匀。

5. 放入吉利丁片，搅匀，煮至溶化。

6. 把果冻汁倒入杯中，待凉后放入冰箱冷冻 1 小时至果冻成形。

7. 取出果冻，放上备好的橙子肉即可。

「双层果冻」

时间： 6.5 小时

扫一扫做甜点

原料 Material

橙汁------- 50 毫升
椰奶------- 50 毫升
鱼胶粉------- 10 克
棉花糖---------1 颗
白糖---------- 60 克

做法 Make

1. 分别将一半的白糖加入橙汁和椰奶里面，分别搅拌均匀，待用。

2. 取一碗，注入 60 毫升凉开水，分数次放入鱼胶粉，搅拌至鱼胶粉溶化。

3. 取出拌好的椰奶，倒入溶化好的一半鱼胶粉，搅拌均匀，静置一下。

4. 将搅拌好的果汁液倒入杯子中，盖上保鲜膜。

5. 放入冰箱冷藏 3 个小时至凝固，取出冷藏好的果冻，撕去保鲜膜。

6. 取一碗，倒入橙汁，加入拌好的鱼胶粉，搅拌均匀。

7. 倒入装有冻好的果冻的杯中。

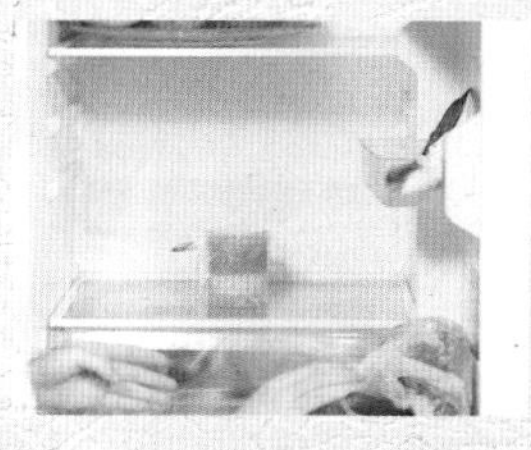

8. 盖上保鲜膜，放入冰箱冷藏 3 个小时至凝固。

9. 从冰箱中取出冷藏好的果冻，撕掉保鲜膜，放上棉花糖即可。

「咖啡茶冻」

时间：90 分钟

扫一扫做甜点

原料 Material

细砂糖------150 克
果冻粉------- 30 克
咖啡粉------- 10 克
绿茶包---------2 包
红茶包---------2 包

做法 Make

1. 锅中注入 250 毫升清水煮沸，放入绿茶包，略煮一会儿，取出茶包。

2. 将 10 克果冻粉倒入装有 50 克细砂糖的碗中，拌匀。

3. 把混合好的材料倒入置于火上的锅中，快速拌匀后关火，倒入玻璃杯中，放凉。

4. 锅置火上，注入 250 毫升清水烧开，倒入咖啡粉，拌匀，关火。

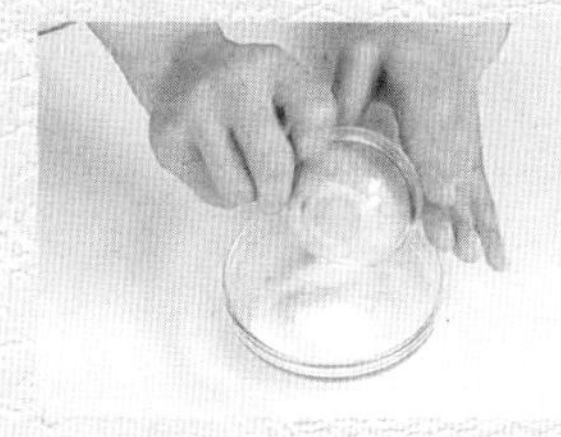

5. 将 10 克果冻粉倒入装有 50 克细砂糖的碗中，拌匀。

6. 把混合好的材料倒入置于火上的锅中，快速拌匀后关火，沿着玻璃杯的边缘倒入绿茶果冻液中，形成两色果冻。

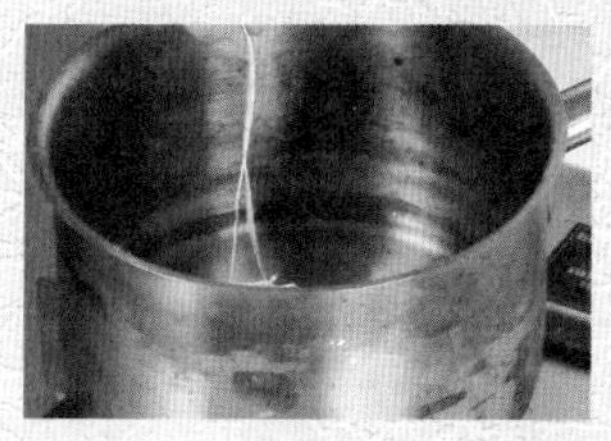

7. 锅中再次注入 250 毫升清水烧开，放入红茶包，略煮一会儿，取出茶包。

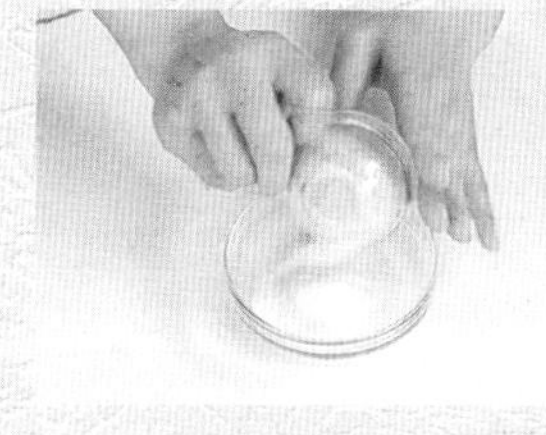

8. 将 10 克果冻粉倒入装有 50 克细砂糖的碗中，拌匀。

9. 把混合好的材料倒入置于火上的锅中，快速拌匀后关火，倒入之前的玻璃杯中，放凉后即成三色果冻。

「咖啡果冻」

时间：65 分钟

原料 Material

细砂糖--------100 克
咖啡粉--------- 20 克
原味果冻粉--- 20 克
炼奶------------ 20 克

做法 Make

1. 将 500 毫升清水倒入锅中，烧开待用。
2. 倒入咖啡粉，搅拌均匀，关火待用。
3. 将原味果冻粉倒入装有细砂糖的碗中。
4. 打开火，将细砂糖、原味果冻粉一起倒入锅中，快速拌匀，关火。
5. 将煮好的咖啡果冻水倒入模具中，放凉后放入冰箱冷藏 1 小时。
6. 把盘子倒扣在模具上，再将盘子反转过来。
7. 轻轻地取下模具，淋上炼奶即可。

「红茶果冻」

时间：65 分钟

原料 Material

原味果冻粉--- 20 克
细砂糖--------100 克
红茶包-----------2 袋

做法 Make

1. 将 500 毫升清水倒入锅中，烧开待用。
2. 把红茶包放入热水中，浸泡至散出茶香味，取出茶包。
3. 将原味果冻粉倒入装有细砂糖的碗中。
4. 将原味果冻粉、细砂糖一起倒入红茶水中，快速拌匀后关火。
5. 将煮好的红茶果冻水倒入碗中。
6. 待其放凉后放入冰箱冷藏 1 小时。
7. 把碗倒扣在备好的盘子上，取下碗即可。

「抹茶果冻」

时间：33分钟

原料 Material

果冻粉------- 10 克
细砂糖------- 50 克
抹茶粉------- 10 克
圣女果-------- 适量
薄荷叶-------- 适量

做法 Make

1. 250 毫升纯净水倒入奶锅中，煮至沸腾。
2. 加入果冻粉、细砂糖。
3. 拌匀至溶化。
4. 放入抹茶粉。
5. 搅拌均匀后关火，待用。
6. 把拌好的食材倒进果冻模具中至八分满。
7. 放凉过后放入冰箱冷藏半个小时后取出，点缀圣女果、薄荷叶即可。

「伯爵红茶冻」

时间：1 小时

原料 Material

果冻粉---------5 克
红茶包---------1 包
白糖---------- 15 克

做法 Make

1. 将红茶包放入马克杯中，加入适量冷开水，放入微波炉中加热，取出，去掉茶包。

2. 往茶水中加入果冻粉与白糖，混合均匀至没有颗粒为止。

3. 将果冻液放入咖啡杯中，拌匀。

4. 待稍凉之后放入冰箱中冷藏，至凝固即可。

扫一扫做甜点

「朗姆酒水果冻」

时间：1小时

原料 Material

朗姆酒---150 毫升
西瓜---------100 克
柠檬汁---- 30 毫升
猕猴桃------- 30 克
芒果---------- 50 克
苹果---------- 50 克
果冻粉------- 30 克
白糖------------5 克

做法 Make

1. 苹果切成丁。
2. 西瓜去皮取瓤，将瓤切丁。
3. 猕猴桃切条后再切丁。
4. 往备好的杯中加入果冻粉、白糖和 200 毫升热水。
5. 搅拌均匀，盖上保鲜膜。
6. 将食材杯放入微波炉中。
7. 加热 2 分钟。
8. 取出杯子，去掉保鲜膜。
9. 把杯子放凉至室温；将苹果、芒果、西瓜、猕猴桃放入 400 毫升的玻璃杯中，拌匀。
10. 将朗姆酒倒入果冻水中。
11. 加入柠檬汁，拌匀。
12. 把果冻水倒入玻璃杯中，静置片刻即可制成果冻。

「牛奶香草果冻」

时间：40 分钟

扫一扫做甜点

原料 Material

牛奶------250 毫升
果冻粉------- 10 克
细砂糖------- 50 克
香草粉---------5 克
圣女果-------- 适量
蓝莓----------- 适量
薄荷叶-------- 适量

做法 Make

1. 将牛奶倒入奶锅中，开火加热煮至沸。

2. 加入香草粉，快速搅拌均匀。

3.加入细砂糖，搅至溶化。

4. 倒入备好的果冻粉。

5. 搅匀转大火稍煮至沸。

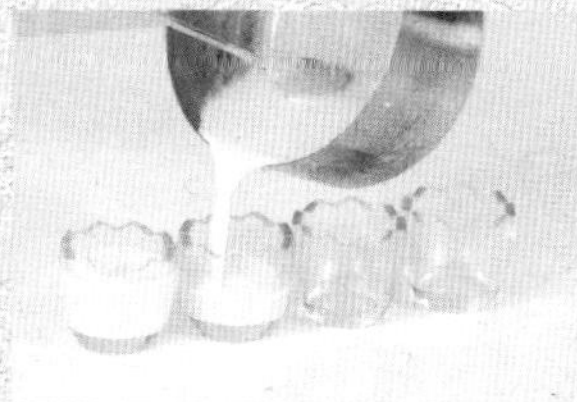

6. 煮好后倒入模具中，倒至八分满。

7. 放凉后放入冰箱冷藏30分钟使其凝固。

8. 从冰箱中取出果冻，点缀圣女果、蓝莓、薄荷叶即可。

「奶香果冻」

时间：65 分钟

原料 Material

细砂糖--------100 克
奶香果冻粉--- 20 克
蓝莓------------- 适量
草莓------------- 适量

做法 Make

1. 锅中倒入 500 毫升清水，用大火烧开。
2. 将果冻粉倒入细砂糖中。
3. 将两者一起倒入锅中，快速拌匀后关火。
4. 将煮好的奶香果冻水倒入模具中，放凉。
5. 放入冰箱冷藏 1 小时至完全凝固。
6. 把盘子倒扣在模具上，再将盘子反转过来，去除模具，点缀蓝莓、草莓即可。

「椰奶牛奶冻」

时间：68 分钟

原料 Material

牛奶--------120 毫升
椰奶--------120 毫升
白糖------------30 克
吉利丁片--------2 片

做法 Make

1. 把吉利丁片放入清水中浸泡 4 分钟至其变软。
2. 捞出泡好的吉利丁片，装碗备用。
3. 把牛奶倒入锅中，加入椰奶、白糖，用搅拌器搅匀。
4. 加入吉利丁片，搅匀，煮至溶化。
5. 把果冻汁倒入杯中，放入冰箱冷冻 1 小时至果冻成形。
6. 取出果冻即可。

「酸奶果冻杯」

时间：2 小时

扫一扫做甜点

原料 Material

果冻粉------- 20 克
牛奶------200 毫升
酸奶------100 毫升
白糖---------- 15 克

做法 Make

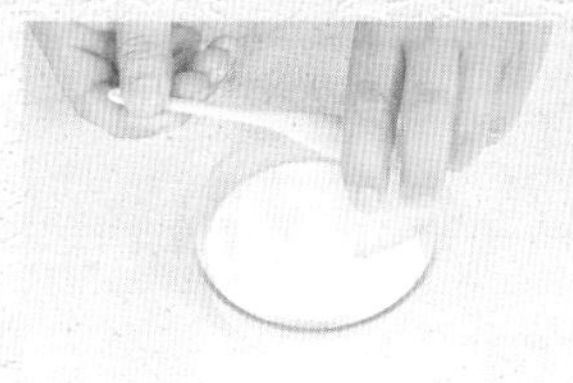

1. 牛奶中放入果冻粉，搅拌均匀。

2. 倒入400毫升的杯子中。

3. 加入白糖，搅拌均匀。

4. 盖上保鲜膜。

5. 将拌匀的液体放入备好的微波炉中。

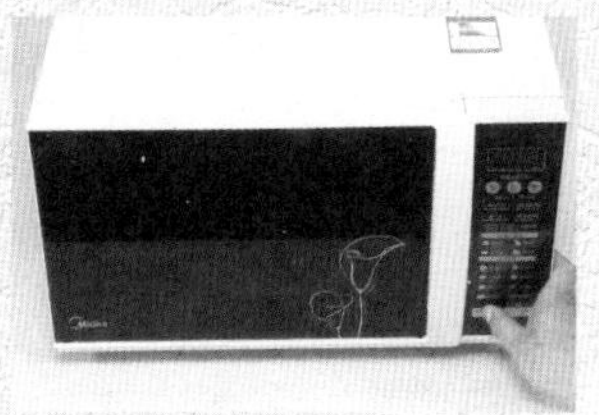

6. 加热2分钟。

7. 取出加热好的牛奶果冻液，揭开保鲜膜。

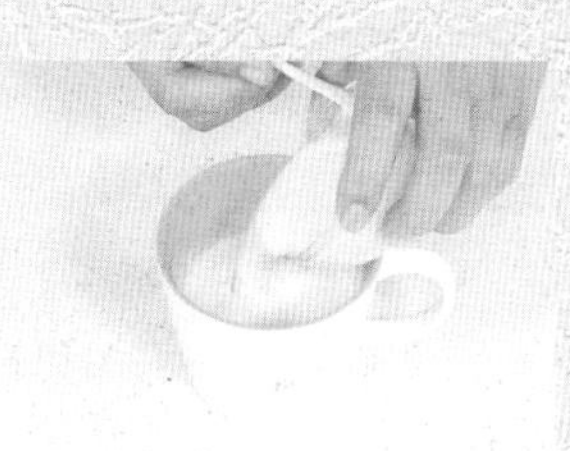

8. 倒入酸奶，搅拌均匀，倒入400毫升的玻璃杯中，放入冰箱冷藏至其凝固即可。

「香橙奶酪」

时间：35 分钟

原料 Material

细砂糖------- 50 克
牛奶------250 毫升
吉利丁片------3 片
香橙果片----- 适量
淡奶油------250 克

做法 Make

1. 把吉利丁片放到装有清水的容器中浸泡。

2. 将牛奶倒入奶锅中，加入细砂糖，开小火，搅拌至细砂糖溶化。

3. 泡好的吉利丁片放入奶锅，搅拌至溶化。

4. 加入淡奶油，搅拌均匀。

5. 放入香橙果片，稍稍加热拌匀后关火。

6. 备一个杯子，倒入拌好的材料。

7. 待凉之后放入冰箱冷藏半个小时后取出即可。

「橙香奶油奶酪」

时间：45 分钟

原料 Material

纯牛奶--------250 毫升
细砂糖-----------100 克
植物鲜奶油-----250 克
朗姆酒------------- 适量
吉利丁片-----------2 片
香橙浓缩汁--- 20 毫升

做法 Make

1. 将吉利丁片放入清水中，浸泡 4 分钟至其变软，备用。
2. 锅中倒入纯牛奶、细砂糖。
3. 用小火加热，搅拌至细砂糖溶化。
4. 取出泡好的吉利丁片，挤干水分。
5. 放入锅中，煮至溶化后关火。
6. 锅中倒入朗姆酒、植物鲜奶油，拌匀，制成奶酪浆。
7. 取一个杯子，倒入奶酪浆，至七分满，放入冰箱冷藏 30 分钟后取出。
8. 将香橙浓缩汁倒在奶酪上即可。

扫一扫做甜点

「原味奶酪」

原料 Material

纯牛奶---------250 毫升
细砂糖------------100 克
植物鲜奶油------250 克
朗姆酒-------------- 适量
吉利丁片------------2 片
芒果果肉馅-------- 适量
打发的鲜奶油----- 适量
樱桃----------------- 适量

做法 Make

1. 将吉利丁片放入清水中，浸泡 4 分钟至其变软，备用。

2. 锅中倒入纯牛奶、细砂糖。

3. 用小火加热，搅拌至细砂糖溶化。

4. 取出泡好的吉利丁片，挤干水分。

5. 放入锅中，搅拌至溶化。

6. 倒入植物鲜奶油，搅拌均匀，制成奶酪浆。

7. 取一个杯子，倒入奶酪浆，至八分满即可。

8. 倒入朗姆酒拌匀，将拌好的奶酪浆放入冰箱冷藏 30 分钟后取出。

9. 将花嘴装在裱花袋顶部，剪去裱花袋尖端。

10. 在裱花袋中装入打发的鲜奶油。

11. 在杯子中放入芒果果肉馅。

12. 挤上适量的打发的鲜奶油，点缀樱桃装饰即可。

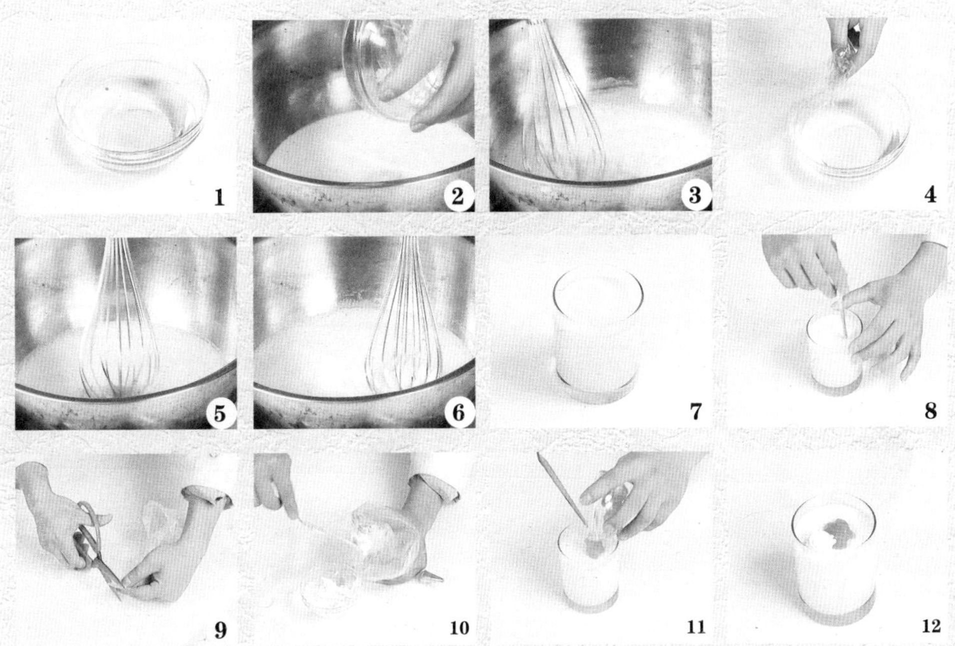

「巧克力奶酪」

时间：40分钟

扫一扫做甜点

原料 Material

纯牛奶-------250毫升
细砂糖----------100克
植物鲜奶油----250克
朗姆酒------------适量
吉利丁片----------2片
巧克力果膏-----50克
可可粉------------适量

做法 Make

1. 将吉利丁片放入清水中，浸泡4分钟至其变软，备用。

2. 锅中倒入纯牛奶、细砂糖。

3. 用小火加热，搅拌至细砂糖溶化。

4. 取出泡好的吉利丁片，挤干水分，放入锅中，煮至溶化。

5. 倒入鲜奶油，搅拌均匀后关火。

6. 锅中倒入朗姆酒，搅拌均匀，制成奶酪浆。

7. 取一个杯子，倒入奶酪浆，至八分满，放入冰箱冷藏30分钟后取出。

8. 将巧克力果膏倒入杯中，抹匀，撒上少许可可粉即可。

「柠檬奶酪」

时间：40 分钟

扫一扫做甜点

原料 Material

纯牛奶-------250 毫升
细砂糖----------100 克
植物鲜奶油----250 克
朗姆酒------------ 适量
吉利丁片----------2 片
柠檬汁------------ 适量
柠檬瓣-------------2 片

做法 Make

1. 将吉利丁片放入清水中，浸泡4分钟至其变软，备用。

2. 锅中倒入纯牛奶、细砂糖。

3. 用小火加热，搅拌至细砂糖溶化。

4. 倒入柠檬汁。

5. 加入朗姆酒，拌匀。

6. 捞出泡好的吉利丁片，挤干水分，放入锅中，搅拌至溶化。

7. 倒入植物鲜奶油，拌匀后关火，制成奶酪浆。

8. 取一个杯子，倒入奶酪浆，放入冰箱冷藏30分钟后取出。

9. 放上柠檬瓣装饰即可。

扫一扫做甜点

「红茶奶酪」

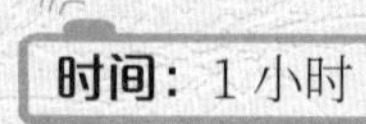

原料 Material

奶酪浆部分：

红茶包------------1 袋

植物鲜奶油---200 克

细砂糖---------- 40 克

纯牛奶------250 毫升

朗姆酒----------- 适量

吉利丁片---------3 片

红茶浆部分：

红茶包 -----------1 袋

果冻粉---------- 15 克

细砂糖---------- 15 克

做法 Make

1. 奶酪浆：将吉利丁片放入清水中，浸泡 4 分钟。

2. 把 1 袋红茶放入热水中浸泡，制成红茶水。

3. 锅中倒入纯牛奶、细砂糖，拌至细砂糖溶化。

4. 将泡好的红茶倒入锅中，搅拌均匀。

5. 捞出吉利丁片，挤干水分，再放入锅中，煮至溶化。

6. 倒入鲜奶油，搅拌均匀，关火。

7. 加入朗姆酒，拌匀，制成奶酪浆。

8. 取一个杯子，倒入奶酪浆，至六分满即可，放入冰箱冷藏 30 分钟后取出。

9. 红茶浆：锅中注水烧开，放入 1 袋红茶，煮至茶色变浓后取出茶包。

10. 倒入细砂糖、果冻粉。

11. 拌匀后关火，放凉待用。

12. 将放凉的红茶浆倒入奶酪中，至八分满，待其成形即可。

「意大利奶酪」

时间：35 分钟

原料 Material

细砂糖------- 55 克
牛奶------250 毫升
吉利丁片------3 片
淡奶油------250 克
朗姆酒------5 毫升
QQ 糖 -------- 适量
薄荷叶-------- 适量

做法 Make

1. 吉利丁片放进装有清水的容器中浸泡。
2. 把牛奶、细砂糖倒进奶锅中。
3. 开小火，拌匀至细砂糖溶化。
4. 加入已经泡好的吉利丁片，搅拌至溶化。
5. 倒入淡奶油、朗姆酒。
6. 搅拌至融化后关火。
7. 备好模具杯，倒入搅拌好的材料。
8. 待凉后放进冰箱冷藏半个小时，取出，点缀 QQ 糖、薄荷叶即可。

「草莓奶酪」

时间：40 分钟

原料 Material

纯牛奶------ 250 毫升
细砂糖--------- 100 克
植物鲜奶油--- 250 克
朗姆酒------------适量
吉利丁片--------- 2 片
草莓果酱---------适量
草莓--------------- 1 颗

做法 Make

1. 将吉利丁片放入清水中，浸泡 4 分钟至其变软，备用。
2. 锅中倒入纯牛奶、细砂糖。
3. 用小火加热，搅拌至细砂糖溶化。
4. 取出泡好的吉利丁片，挤干水分。
5. 放入锅中，煮至溶化后关火。
6. 倒入朗姆酒、植物鲜奶油，搅拌均匀，制成奶酪浆。
7. 取一个玻璃碗，倒入奶酪浆，至八分满即可，放入冰箱冷藏 30 分钟后取出。
8. 将草莓果酱倒在奶酪上，抹平。
9. 放上切好的草莓装饰即可。

扫一扫做甜点

「草莓奶油奶酪」

时间：40 分钟

原料 Material

奶酪浆部分：

炼奶----------- 20 毫升

纯牛奶-------150 毫升

细砂糖----------- 15 克

植物鲜奶油----- 25 克

吉利丁片----------1 片

草莓浆部分：

纯牛奶-------150 毫升

草莓果酱-------- 30 克

细砂糖----------- 15 克

植物鲜奶油----- 25 克

吉利丁片----------1 片

做法 Make

1. 奶酪浆：将吉利丁片放入清水中，浸泡 4 分钟。

2. 锅中倒入纯牛奶、细砂糖小火加热，拌至溶化。

3. 将炼奶倒入锅中，搅拌均匀。

4. 捞出泡软的吉利丁片，放入锅中，搅拌至溶化。

5. 加入植物鲜奶油，搅拌均匀后关火，制成奶酪浆。

6. 取一个杯子，倒入奶酪浆，放入冰箱冷藏 30 分钟。

7. 草莓浆：将吉利丁片放入清水中，浸泡 4 分钟。

8. 锅中倒入纯牛奶、细砂糖，用小火加热，搅拌至细砂糖溶化。

9. 捞出泡软的吉利丁片，放入锅中，搅拌至溶化，关火。

10. 倒入植物鲜奶油，拌匀。

11. 加入草莓果酱，搅拌均匀，制成草莓浆。

12. 取出冻好的奶酪浆，倒入草莓浆，放入冰箱冷藏 30 分钟至其成形，取出即可。

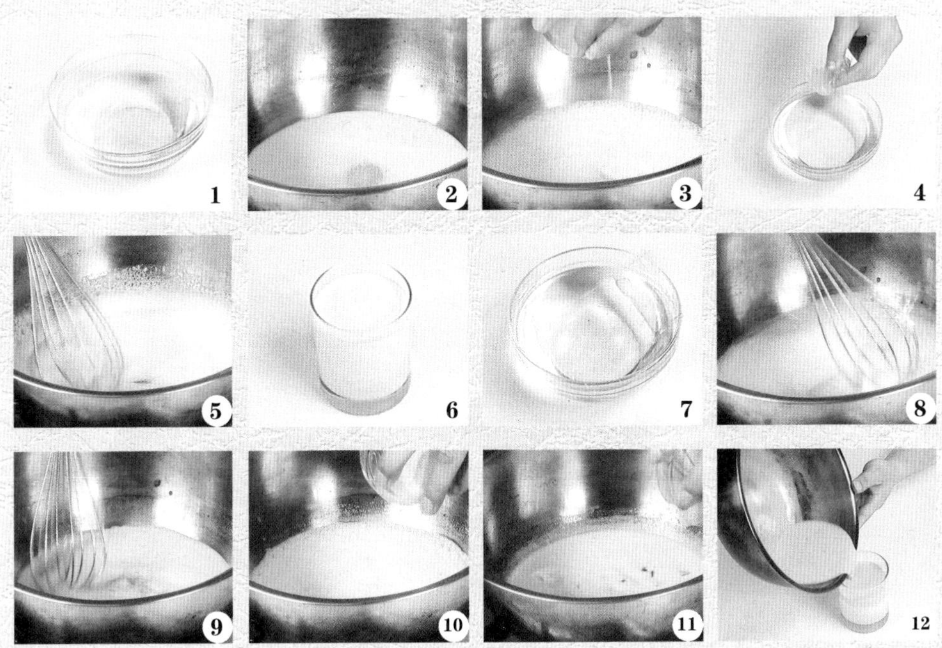

Chapter 4

挞、派与果冻布丁更配

两口就能解决的迷你挞，还有可供亲友一起分享的饱足派，都有着软嫩的内心儿和甜蜜的外壳，你喜欢哪一款？挞、派和果冻布丁更配哦！

扫一扫做甜点

「香橙挞」

时间：20 分钟

原料 Material

低筋面粉---125 克
糖粉---------- 25 克
黄奶油------- 40 克
蛋黄---------- 15 克
香橙果膏---- 50 克
银珠----------- 适量

做法 Make

1. 将低筋面粉倒在操作台上，用刮板开窝。
2. 倒入少许糖粉、蛋黄，拌匀。
3. 用刮板将材料拌匀，用手和面。
4. 加入黄奶油，慢慢地按压，揉搓成面团。
5. 将面团切成大小均等的小剂子。
6. 把小剂子沾上糖粉，放入蛋挞模，沿着蛋挞模边缘按压捏紧。
7. 放入烤盘。
8. 将烤箱温度调成上火 170℃、下火 170℃。
9. 把烤盘放入烤箱中，烤 6 分钟至熟。
10. 取出烤好的蛋挞模，脱模，放入盘中。
11. 在蛋挞中间倒入香橙果膏，至满为止。
12. 放上银珠装饰即可。

「蓝莓挞」

时间：30 分钟

扫一扫做甜点

原料 Material

挞皮：

低筋面粉--250 克
黄奶油-----150 克
糖粉--------100 克
鸡蛋-----------1 个

蛋液：

鸡蛋-----------2 个
细砂糖------ 50 克
蓝莓酱------- 适量

装饰：

蓝莓---------- 适量

做法 Make

1. 挞皮： 在操作台上放低筋面粉，倒入糖粉、1个鸡蛋的蛋液，拌匀。

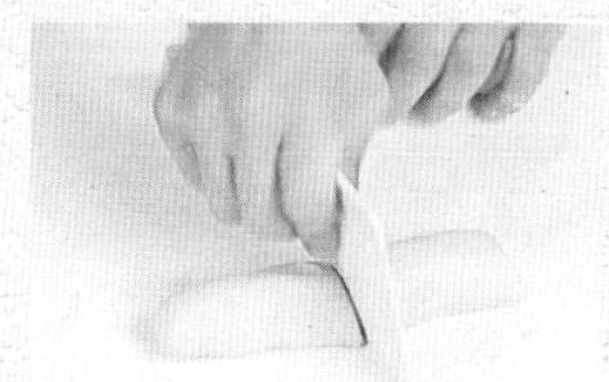

2. 加入黄奶油，将材料混合均匀，揉搓成面团，揉呈长条状，切成四段，揉搓一下。

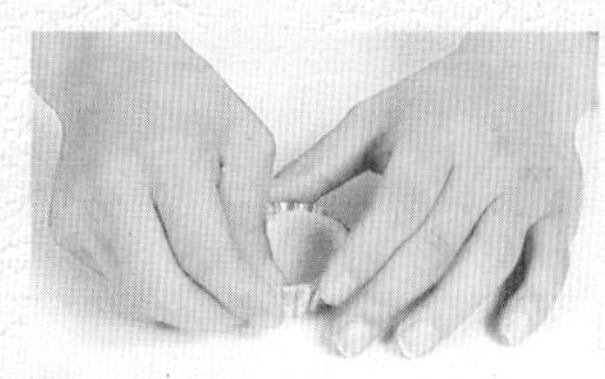

3. 取其中一段，切成四等份，依次放入蛋挞模中，沿着模具边缘捏紧，放入烤盘。

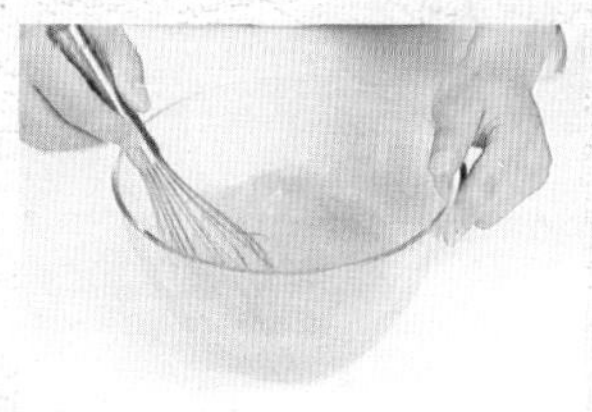

4. 蛋液： 将细砂糖倒入碗中，倒入125毫升清水，打入鸡蛋，拌均匀，制成蛋液。

5. 将蛋液过筛至碗中，使其更细腻。

6. 倒入蓝莓酱，搅拌均匀。

7. 将拌好的蛋液倒入量杯中，再倒入蛋挞模中，至八分满即可。

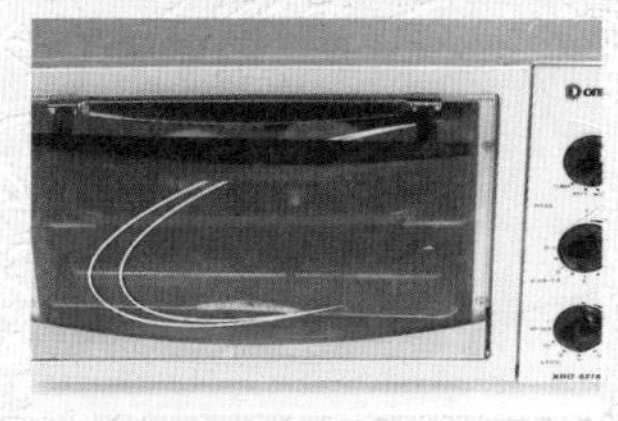

8. 把烤盘放入烤箱中，调成上、下火200℃，烤15分钟至熟。

9. 取出烤盘，将蓝莓挞脱模，装入盘中，放上蓝莓装饰即可。

「蓝莓酸奶烤挞」

时间：25 分钟

原料 Material

全蛋----------------1 个
白砂糖----------- 30 克
酸奶-------------- 90 克
橙子酒-------- 10 毫升
蓝莓----------- 200 克
透明镜面果胶--- 适量
柠檬汁------------ 适量
挞皮--------------- 适量

做法 Make

1. 把全蛋打入容器中，倒入白砂糖搅拌均匀，倒入酸奶、5 毫升橙子酒搅拌均匀，备用。

2. 把 100 克蓝莓铺入挞皮内，倒入酸奶蛋液。

3. 把蓝莓挞放入预热至 170°C的烤箱中，烤 20 分钟，取出，放凉。

4. 淋上透明镜面果胶，加入柠檬汁、橙子酒，点缀剩余蓝莓即可。

「柠檬挞」

时间：40 分钟

原料 Material

全蛋--------------1 个
柠檬汁--------50 毫升
香草荚--------- 3 厘米
无盐黄油--------15 克
橙子酒--------10 毫升
柠檬皮屑---------适量
透明镜面果胶---适量
柠檬片------------适量
薄荷叶------------适量
挞皮--------------适量

做法 Make

1. 打开香草荚，取出香草籽。
2. 将全蛋打入容器中，打散。
3. 把 30 毫升柠檬汁、香草籽倒入锅中，注入 50 毫升清水，煮至稍微沸腾。
4. 分次倒入全蛋液中搅拌均匀，再倒回锅中，小火煮至浓稠，关火，过滤好。
5. 放入无盐黄油拌匀，加入 5 毫升橙子酒、柠檬皮屑拌匀。
6. 倒入挞皮中，放入烤箱以 150℃烤 15 分钟，取出。
7. 淋上透明镜面果胶，放上柠檬片，撒上柠檬汁、橙子酒，点缀薄荷叶即可。

「卡仕达酱蛋挞」

时间：20 分钟

原料 Material

挞皮：

糖粉---------- 75 克

低筋面粉---225 克

黄油---------150 克

鸡蛋------------1 个

卡仕达酱：

蛋黄------------2 个

牛奶------170 毫升

细砂糖------- 50 克

低筋面粉---- 16 克

杏仁馅：

奶油---------- 75 克

糖粉---------- 75 克

杏仁粉------- 75 克

鸡蛋------------2 个

草莓----------- 适量

做法 Make

1. 挞皮： 黄油中加入糖粉，搅至变白，打入鸡蛋，搅拌均匀。

2. 加入 110 克低筋面粉拌匀，再加入剩下的低筋面粉拌匀。

3. 揉成面团，搓成长条，用刮板切成 30 克一个的小剂子。

4. 将小剂子搓圆，沾上低筋面粉，粘在蛋挞模上，按紧。

5. 杏仁馅： 鸡蛋加入糖粉拌匀，放入奶油拌匀，倒入杏仁粉，拌至成糊状。

6. 将拌好的杏仁馅装入蛋挞模中，至八分满，放入烤盘中。

7. 将烤盘放入烤箱中，以上、下火 180℃，烤 20 分钟。

8. 卡仕达酱： 将牛奶倒入锅中小火煮开，放入细砂糖拌匀。

9. 倒入蛋黄，快速搅拌均匀，放入低筋面粉，拌至成面糊状，即成卡仕达酱。

10. 从烤箱中取出烤盘，去除模具，放在盘中。

11. 用刮板将卡仕达酱装入裱花袋中；用刀将草莓一分为二。

12. 将卡仕达酱挤在蛋挞上，在上面放上草莓即成。

「草莓蛋挞」

时间：25 分钟

扫一扫做甜点

原料 Material

糖粉---------- 75 克
低筋面粉---225 克
黄奶油------150 克
白砂糖------100 克
鸡蛋------------5 个
草莓----------- 少许

做法 Make

1. 取一大碗，放入黄奶油，倒入糖粉，搅拌均匀至颜色变白。

2. 加入 1 个鸡蛋，搅拌均匀，加入一半的低筋面粉拌匀。

3. 加入剩下一半的低筋面粉，拌匀并揉成团，搓成长条状，切成 30 克一个的小面团。

4. 将小面团搓圆，沾上低筋面粉，粘在蛋挞模具上，沿着边沿粘紧。

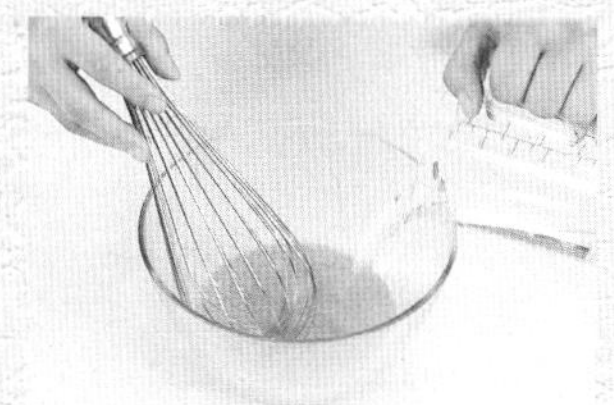

5. 将剩下的 4 个鸡蛋打入碗中，加入白砂糖拌匀，加入250毫升凉开水，再拌匀。

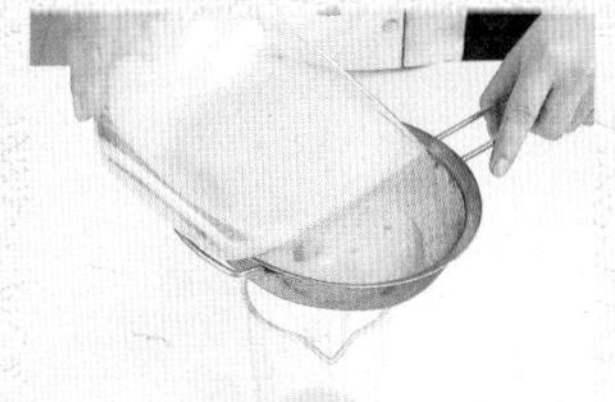

6. 用筛网将蛋挞液过筛，倒入模具中至八分满即可。

7.将蛋挞模放入烤盘中，再入烤箱，以上火200℃、下火220℃烤10～15分钟至金黄色。

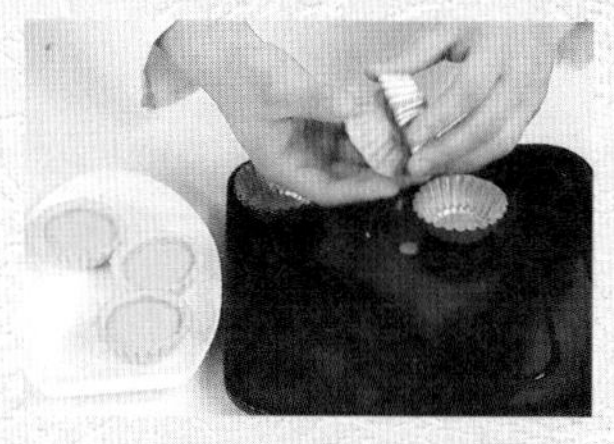

8. 拿出烤盘，取出蛋挞，摘去模具。

9. 摆入盘中，放上草莓装饰即可。

「蔬菜挞」

时间：35 分钟

原料 Material

糖粉---------- 75 克
低筋面粉---225 克
黄油---------150 克
鸡蛋------------1 个
黄瓜---------- 50 克
西葫芦------- 50 克
口蘑---------- 50 克
鲜百里香----- 适量
蛋黄酱-------- 适量

做法 Make

1. 洗净的黄瓜、西葫芦切成片；口蘑切丁。

2. 黄油中加入糖粉，搅拌至颜色变白，打入鸡蛋，搅拌均匀。

3. 加入 110 克低筋面粉，用搅拌器拌匀，再加入剩下一半的低筋面粉拌匀，并揉成面团。

4. 将面团搓成长条，分成两半，用刮板切成 30 克一个的小剂子；将小剂子搓圆，沾上低筋面粉，再粘在挞模上，沿着边沿按紧。

5. 在挞模内挤入蛋黄酱，铺上黄瓜、西葫芦、口蘑，撒上少许鲜百里香。

6. 将烤盘放入预热好的烤箱中，以上、下火 180℃，烤 20 分钟。

7. 取出烤好的蔬菜挞，放凉，脱模即可。

「醋栗挞」

时间：20 分钟

原料 Material

低筋面粉------ 125 克
糖粉-------------- 25 克
黄油-------------- 40 克
蛋黄-------------- 15 克
醋栗-------------- 30 克
薄荷叶------------ 少许
打发的鲜奶油--- 适量

做法 Make

1. 将低筋面粉倒在操作台上，用刮板开窝。
2. 倒入糖粉、蛋黄，拌匀，用刮板将材料拌匀，用手和面。
3. 加入黄油，慢慢地按压，揉搓成面团。
4. 将面团切成大小均等的小剂子。
5. 把小剂子沾上少许糖粉，放入蛋挞模，沿着蛋挞模边缘按压捏紧，放入烤盘。
6. 将烤箱温度调成上火 170℃、下火 170℃。
7. 把烤盘放入烤箱中，烤 15 分钟至熟，取出烤好的蛋挞模，脱模，放入盘中。
8. 在蛋挞中间挤入打发的鲜奶油，点缀醋栗、薄荷叶即可。

「林兹挞」

时间：45 分钟

原料 Material

无盐黄油---- 86 克	低筋面粉---- 90 克
糖粉---------- 65 克	杏仁粉------- 64 克
全蛋液------- 11 克	草莓果酱---100 克

做法 Make

1. 将无盐黄油和糖粉搅拌均匀，用电动打蛋器稍微打发。

2. 倒入全蛋液，搅打均匀。

3. 筛入低筋面粉、杏仁粉，用橡皮刮刀翻拌均匀，成光滑的面糊。

4. 取正方形的烤模，将200 克面糊放入烤模中。

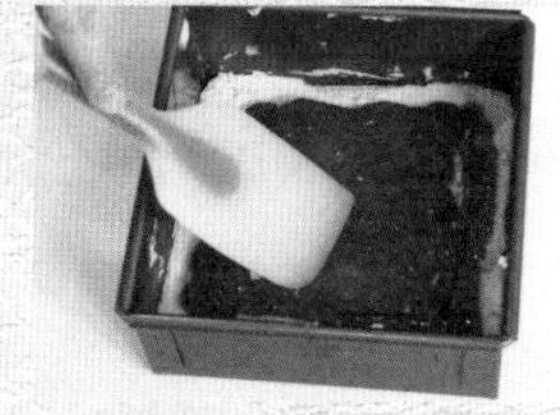

5. 草莓果酱装入裱花袋中，剪一个小口挤在面糊的表层，然后用橡皮刮刀抹平。

6. 将剩余的面糊装入裱花袋中，在草莓果酱层之上挤出网状面糊。

7. 烤模置于烤盘上，放入预热至 180 ℃的烤箱中，烘烤约 30 分钟。

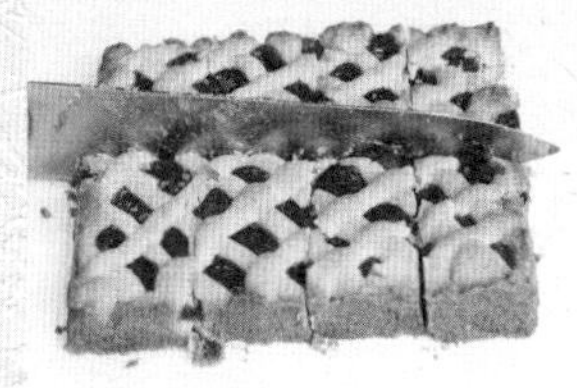

8. 取出将林兹挞放凉，脱模切块即可食用。

「香甜樱桃挞」

时间：38 分钟

扫一扫做甜点

原料 Material

挞皮：

低筋面粉---175 克

黄油---------100 克

盐---------------2 克

挞馅：

淡奶油------125 克

牛奶------125 毫升

细砂糖------- 20 克

蛋黄---------100 克

朗姆酒------3 毫升

樱桃果肉---- 70 克

做法 Make

1. 烤箱通电进行预热，上火 200℃、下火 160℃。

2. 挞皮：把黄油倒入玻璃碗中，分多次加入 45 毫升水并搅拌均匀，再加入盐、低筋面粉搅拌均匀，制成挞皮。

3. 挞馅：将面团搓成长条，用刮板切成小块后紧贴蛋挞模内壁进行装模，摆放在烤盘中。

4. 将烤盘放进预热好的烤箱中，烘烤约 8 分钟。

5. 将淡奶油、牛奶和细砂糖倒入玻璃碗，用搅拌器充分拌匀，接着加入蛋黄搅拌，再倒入朗姆酒拌匀。

6. 把制作好的挞馅倒入烤好的挞皮中约九分满，然后放入预热好的烤箱中，烘烤约 20 分钟。

7. 烤好后出炉，用樱桃果肉装饰已经烤好的挞即可。

「西洋梨挞」

时间：35 分钟

原料 Material

挞皮----------- 适量
无盐黄油---- 60 克
糖粉---------- 60 克
白砂糖---------8 克
鸡蛋------------1 个
杏仁粉------- 60 克
朗姆酒------2 毫升
开心果-------- 适量
西洋梨罐头-- 适量

做法 Make

1. 挞皮放入预热至 180°C的烤箱，烤 10 分钟后，放凉。

2. 无盐黄油用电动打蛋器低速搅打。

3. 分次加入糖粉，再加入白砂糖，搅打均匀，至无盐黄油呈蓬松羽毛状。

4. 打入鸡蛋（搅散）继续搅拌，直至鸡蛋被完全吸收。

5. 筛入杏仁粉，接着倒入朗姆酒，用橡皮刮刀搅拌均匀，馅料部分完成。

6. 将拌好的馅料装入裱花袋中，从挞皮中央向外以画圈的方式填充内馅。

7. 切好西洋梨摆放在挞的表面呈放射状。

8. 放入预热至 180°C的烤箱中层，烘烤 10~15 分钟。

9. 将开心果捣碎，撒在边缘作装饰即可。

扫一扫做甜点

「丹麦水果挞」

时间：140 分钟

原料 Material

挞皮：

高筋面粉--- 170 克

低筋面粉-----30 克

细砂糖--------50 克

黄油-----------20 克

奶粉-----------12 克

盐--------------- 3 克

干酵母--------- 5 克

鸡蛋-----------40 克

片状酥油-----70 克

馅料：

香蕉肉--------30 克

苹果肉--------30 克

装饰：

奶油杏仁馅--30 克

做法 Make

1. 挞皮：低筋面粉中加入高筋面粉、奶粉、干酵母、盐，拌匀。

2. 倒入 88 毫升水、细砂糖、鸡蛋拌匀，揉搓成湿面团。

3. 加入黄油，揉搓成光滑的面团；片状酥油擀薄。

4. 将面团擀成薄片，放上酥油片，将面皮折叠，擀平。

5. 将三分之一的面皮折叠，再将剩下的折叠起来，放入冰箱，冷藏 10 分钟。

6. 取出，继续擀平，将上述动作重复操作两次。

7. 用模具压出 4 个圆形饼坯，再用小一号模具在其中 2 个饼坯上压出环状酥皮。

8. 饼坯刷上奶油杏仁馅，放上环状酥皮。

9. 放入苹果肉，再放入香蕉肉，制成生坯。

10. 将生坯装入烤盘，常温发酵 1.5 小时。

11. 烤箱上、下火均调为 190℃预热 5 分钟，放入生坯。

12. 烘烤 15 分钟至熟取出，装盘即可。

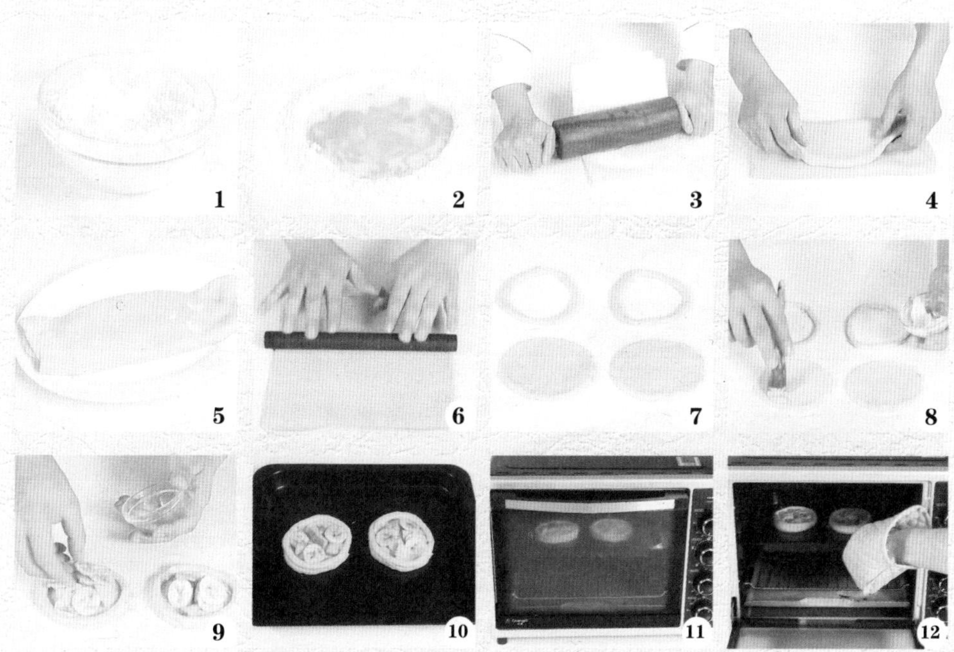

扫一扫做甜点

「核桃挞」

时间：40 分钟

原料 Material

挞皮：

糖粉---------- 75 克
低筋面粉---225 克
黄油---------150 克
鸡蛋------------1 个

卡仕达酱：

蛋黄------------2 个
牛奶------170 毫升
细砂糖------- 50 克
低筋面粉---- 16 克

杏仁馅：

奶油---------- 75 克
糖粉---------- 75 克
杏仁粉------- 75 克
鸡蛋------------2 个
核桃仁-------- 适量
水晶果酱----- 适量

做法 Make

1. 挞皮：黄油中加入糖粉，拌至变白，打入鸡蛋拌均匀。

2. 加入 110 克低筋面粉拌匀。

3. 揉成面团，搓成长条，用刮板切成 30 克一个的小剂子。

4. 将小剂子搓圆，沾上低筋面粉，再黏在蛋挞模上按紧。

5. 杏仁馅：鸡蛋加入糖粉拌匀，放入奶油拌匀，倒入杏仁粉，拌至呈糊状。

6. 将拌好的杏仁馅装入蛋挞模中，至八分满，放入烤盘中。

7. 将烤盘放入预热好的烤箱中，以上火 180℃、下火 180℃，烤 20 分钟。

8. 卡仕达酱：将牛奶倒入锅中，用小火煮开，放入细砂糖，快速搅拌匀。

9. 倒入蛋黄，快速搅拌均匀。

10. 放入低筋面粉，拌至呈面糊状，即成卡仕达酱。

11. 从烤箱中取出烤盘，去除模具，放在盘中。

12. 用刷子将核桃仁刷上水晶果酱，放在蛋挞上即成。

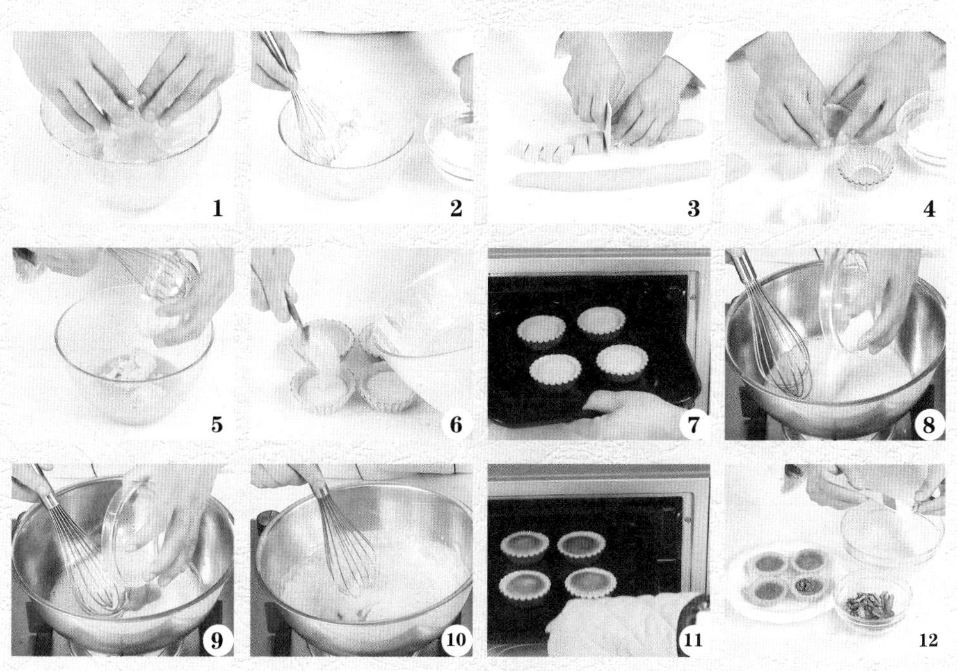

「水果挞」

时间：110 分钟

原料 Material

挞皮：

无盐黄油---100 克
糖粉---------- 50 克
盐---------------1 克
鸡蛋---------- 50 克
低筋面粉---200 克

卡仕达酱：

蛋黄------------3 个
细砂糖------- 30 克
香草精---------2 克
低筋面粉---- 25 克
牛奶---------250 克

装饰：

鲜果----------- 适量
薄荷叶-------- 适量
打发的淡奶油40 克

做法 Make

1. 挞皮：将粉类混合过筛，加入无盐黄油、盐，用手将其充分融合至粉末状态，再加入鸡蛋，搅拌均匀，揉成面团。

2. 将面团冷藏 30 分钟，擀平后放入挞模，去除多余的面皮。

3. 放入烤箱，以 180℃烘烤 10 分钟。

4. 卡仕达酱：将蛋黄加入细砂糖、香草精搅打至发白蓬松，筛入 25 克低筋面粉，搅拌均匀。

5. 将牛奶倒入奶锅中加热至 60℃，关火，分次注入蛋黄糊中，且每次加入后都需要搅拌均匀。

6. 把搅匀的蛋黄糊倒回奶锅，小火加热至光滑浓稠，放凉，装入密封容器中后放入冰箱冷藏 1 小时。

7. 将卡仕达酱注入挞皮中，表面装饰鲜果、薄荷叶、奶油即可。

「橙皮焦糖坚果挞」

时间：45 分钟

原料 Material

渍橙皮------- 20 克
白砂糖------100 克
淡奶油------- 50 克
无盐黄油---- 30 克
蜂蜜---------- 10 克
海盐------------1 克
综合坚果---120 克
挞皮----------- 适量

做法 Make

1. 将挞皮放入预热至 170℃的烤箱中，烤 20 分钟至熟透，取出，放凉。

2. 渍橙皮切碎。

3. 将烤箱预热至 150℃，放入综合坚果，烤 15 分钟，取出。

4. 将白砂糖倒入锅中，注入 20 毫升清水，小火煮成焦糖。

5. 取另一锅，倒入淡奶油、蜂蜜、无盐黄油、海盐，小火煮至稍微沸腾，关火。

6. 倒入一半煮好的焦糖，搅拌均匀，开火，再倒入另一半焦糖，拌匀。

7. 倒入烤好的坚果、渍橙皮，拌匀。

8. 倒入挞皮中即可。

扫一扫做甜点

「蜜豆蛋挞」

时间：35 分钟

原料 Material

蛋挞皮：

低筋面粉---- 75 克
糖粉---------- 50 克
黄油---------- 50 克
蛋黄---------- 20 克

蛋挞液：

细砂糖------- 50 克
鸡蛋---------100 克
蜜豆---------- 50 克

做法 Make

1. 蛋挞皮：将低筋面粉开窝，倒入糖粉、蛋黄，搅散。

2. 加入黄油，刮入面粉，混合均匀，揉搓成光滑的面团。

3. 把面团搓成长条，用刮板分切成等份的剂子。

4. 将剂子放入蛋挞模具里，把剂子捏在模具内壁上，制成蛋挞皮。

5. 蛋挞液：把鸡蛋打入碗中，加入 125 毫升水、细砂糖，用打蛋器搅匀，制成蛋挞水。

6. 蛋挞液过筛，装入杯中，再过筛，装回碗中。

7. 加入蜜豆，拌匀。

8. 蛋挞皮装在烤盘里，逐个倒入蜜豆蛋挞液，装约八分满。

9. 把烤箱上、下火均调为 200℃，预热 5 分钟。

10. 打开烤箱门，把蛋挞生坯放入烤箱。

11. 关上烤箱门，烘烤 10 分钟至熟。

12. 戴上隔热手套，打开烤箱门，取出蛋挞，蛋挞脱模后装盘即可。

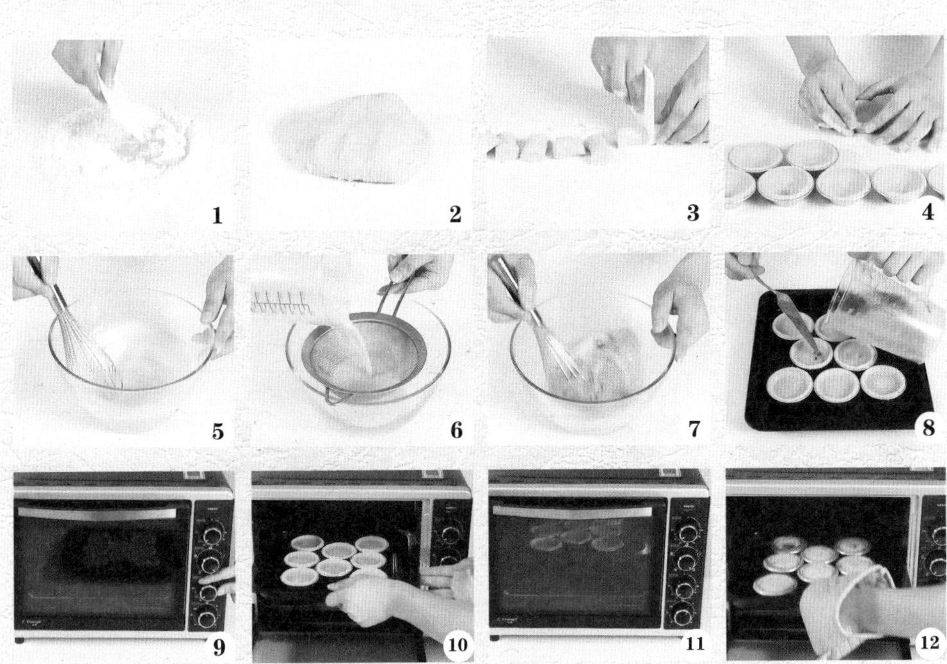

「巧克力蛋挞」

时间：30分钟

扫一扫做甜点

原料 Material

蛋挞皮：

低筋面粉---- 75克
糖粉---------- 50克
黄奶油------- 50克
蛋黄---------- 20克

蛋挞液：

细砂糖------- 50克
鸡蛋---------100克
巧克力豆----- 适量

做法 Make

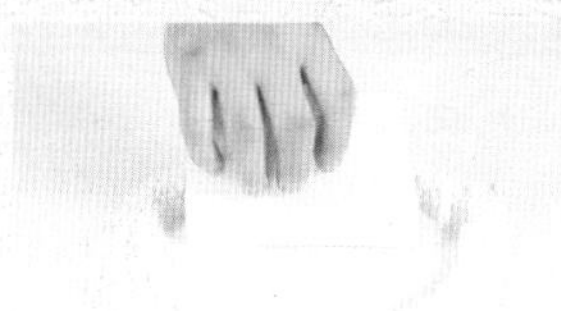

1. 蛋挞皮： 将低筋面粉用刮板开窝，倒入糖粉、蛋黄，搅散。

2. 加入黄奶油，刮入低筋面粉，混合均匀，揉搓成光滑的面团，切成等份的剂子。

3. 将剂子放入蛋挞模具里，把剂子捏在模具内壁上，制成蛋挞皮。

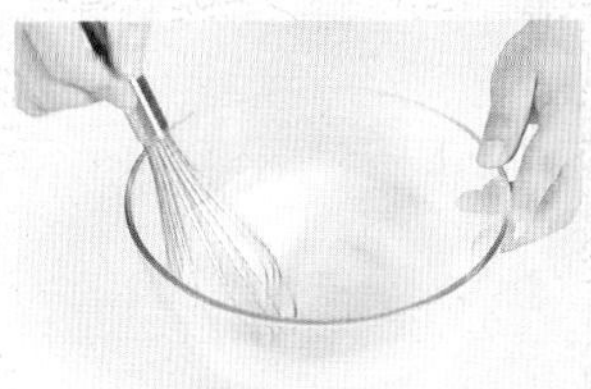

4. 蛋挞液： 把鸡蛋倒入碗中，加入125毫升水、细砂糖，用打蛋器搅匀，制成蛋挞液。

5. 蛋挞液过筛，装入杯中，再过筛，装回碗中。

6. 蛋挞皮装在烤盘里，倒入蛋挞液，装约八分满，放入巧克力豆，制成蛋挞生坯。

7. 把烤箱上、下火均调为200℃，预热5分钟。

8. 把蛋挞生坯放入烤箱，烘烤10分钟至熟。

9. 戴上隔热手套，打开烤箱门，把烤好的蛋挞取出即可。

扫一扫做甜点

「巧克力水果挞」

时间：30 分钟

原料 Material

黄油---------100 克
鸡蛋------------1 个
低筋面粉---125 克
牛奶------- 50 毫升
可可粉------- 15 克
车厘子---------5 颗
罐装黄桃----- 适量
糖粉---------- 70 克
黑巧克力液-- 适量
白奶油-------- 适量
白巧克力----- 适量

做法 Make

1. 将可可粉放入低筋面粉中，倒入黄油、糖粉、鸡蛋，将材料混合均匀。

2. 揉搓成光滑的面团，擀成约 0.5 厘米厚的面皮。

3. 用模具在面皮上压出 8 块圆形面皮，去掉边角料。

4. 把面皮放入烤盘中，再放入预热好的烤箱里。

5. 关上箱门，以上、下火 170℃烤 15 分钟至熟。

6. 把白奶油倒入大碗中，用电动搅拌器搅拌均匀。

7. 将牛奶分次加入，搅拌均匀，制成馅料。

8. 把馅料装入裱花袋里，备用。

9. 打开烤箱门，取出烤好的面饼。

10. 把面饼放在白纸上，在其中 4 块蘸上黑巧克力液。

11. 把馅料挤在剩余的面饼上，盖上巧克力面饼。

12. 再逐个摆上白巧克力，放上车厘子、黄桃做装饰，装入盘中即可。

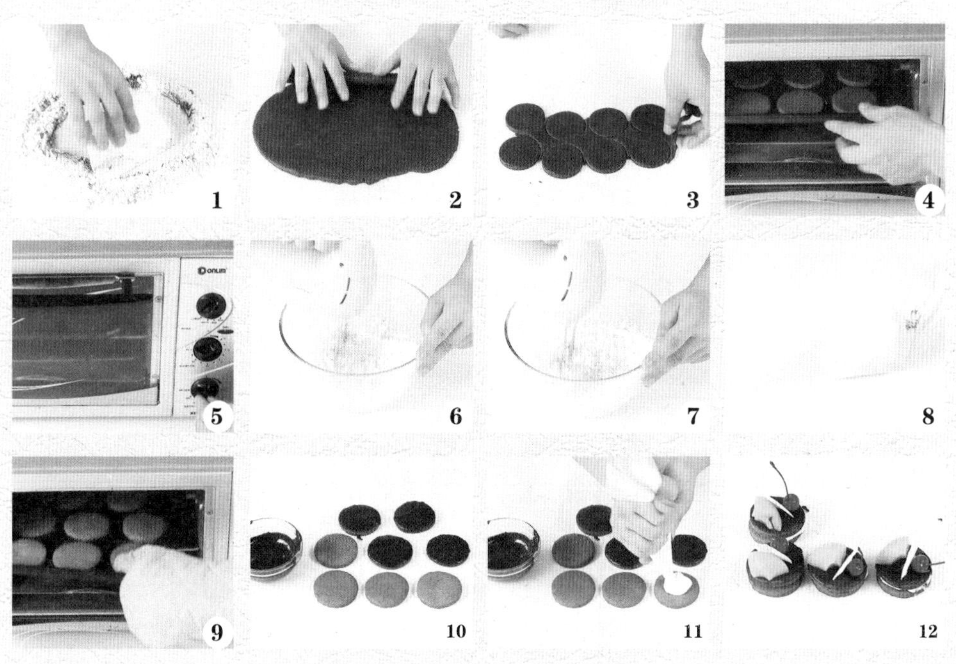

「乳酪蛋挞」

时间：25 分钟

原料 Material

挞皮：

低筋面粉---100 克

黄油---------- 50 克

乳酪---------- 35 克

细砂糖------- 20 克

挞馅：

牛奶------- 20 毫升

鸡蛋-----------2 个

细砂糖------- 50 克

做法 Make

1. 挞皮：将黄油、乳酪、细砂糖倒入玻璃碗中进行搅拌，接着加入低筋面粉，将其搅拌至黏稠。

2. 将面团揉至长条形。

3. 把揉好的蛋挞皮放入蛋挞模具中捏至成形。

4. 挞馅：把 100 毫升清水、细砂糖倒入另一个玻璃碗中进行搅拌，使细砂糖能够充分溶化。

5. 倒入牛奶，用搅拌器搅拌均匀。

6. 将鸡蛋敲入碗中，打散至糊状。

7. 把鸡蛋液倒入糖水中搅拌均匀后过筛。

8. 将挞馅装入挞皮中，约九分满，放入以上、下火 190℃预热的烤箱中，烘烤约 15 分钟即可。

「咖啡焦糖榛果挞」

时间：3 小时

原料 Material

棒果---------- 50 克
白砂糖------- 70 克
淡奶油------180 克
牛奶巧克力- 90 克
吉利丁片------3 克
咖啡粉---------2 克
薄荷叶-------- 适量
挞皮----------- 适量

做法 Make

1. 将挞皮放入预热至 170℃的烤箱中，烤 20 分钟至熟透，取出，放凉。

2. 把吉利丁片泡在冰水中，静置 5 分钟。

3. 备好奶锅，倒入淡奶油、咖啡粉，小火煮至沸腾，关火。

4. 倒入吉利丁片搅拌均匀，倒入牛奶巧克力，拌匀，加盖，闷 1 分钟。

5. 揭盖，搅拌均匀，倒入挞皮中，冷藏 2 小时。

6. 将烤箱预热至 150℃，放入榛果，烤 15 分钟，取出。

7. 将白砂糖倒入锅中，注入清水，煮成焦糖，倒入榛果拌一下，盛出，撒在挞面上，最后点缀上薄荷叶即可。

「咖啡挞」

时间：30分钟

扫一扫做甜点

原料 Material

挞皮：

黄油---------- 60克
糖粉---------- 40克
蛋白------------7克
纯牛奶------7毫升
低筋面粉---- 90克
可可粉---------5克

馅料：

色拉油---100毫升
鸡蛋------------2个
细砂糖------- 90克
低筋面粉---- 75克
奶粉---------- 25克
咖啡粉---------5克
纯牛奶------7毫升

做法 Make

1. 挞皮： 低筋面粉、可可粉中倒入牛奶、糖粉、蛋白拌匀，加入黄油混合均匀。

2. 揉搓成面团，搓成长条，切成小剂子。

3. 将小剂子沾上少许低筋面粉，放入蛋挞模具中，按压至面团与模具贴合严实，备用。

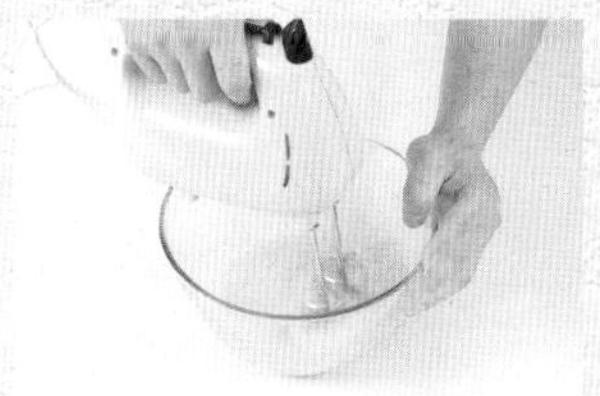

4. 馅料： 将鸡蛋、细砂糖倒入大碗中，用电动搅拌器搅拌匀。

5. 加入低筋面粉，快速搅拌匀，加入奶粉，搅匀。

6. 倒入咖啡粉，搅拌均匀，加入纯牛奶，快速搅拌匀，倒入色拉油，拌匀，制成馅料。

7. 把馅料装入裱花袋里，剪开一个小口。

8. 将挞皮放在烤盘里，挤入适量馅料，至八分满，放入预热好的烤箱里。

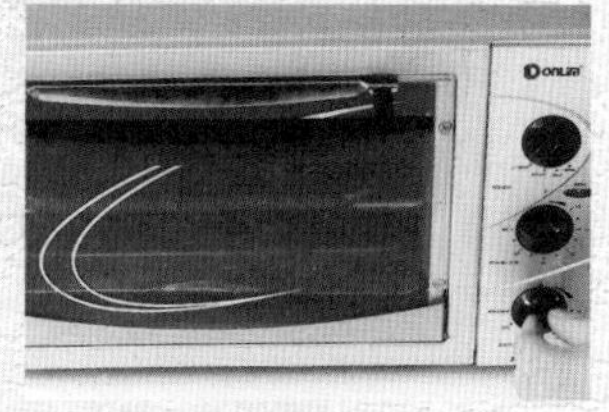

9. 关上箱门，以上火170℃、下火170℃烤20分钟即可。

「椰挞」

时间：25 分钟

扫一扫做甜点

原料 Material

挞皮：

糖粉---------- 75 克
低筋面粉---225 克
黄油---------150 克
鸡蛋------------1 个

椰挞液：

椰丝---------- 75 克
泡打粉---------2 克
低筋面粉---- 25 克
糖粉---------100 克
鸡蛋------------1 个
色拉油---- 75 毫升
吉士粉---------5 克

装饰材料：

透明果酱---- 10 克
蓝莓---------- 10 克

做法 Make

1. 挞皮：黄油加入糖粉搅拌至颜色变白，打入鸡蛋搅匀，加入低筋面粉拌匀。

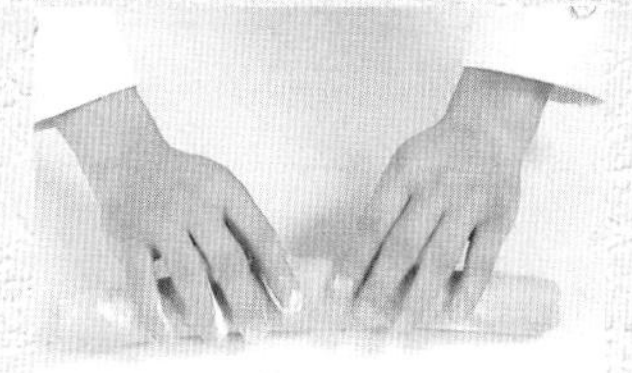

2. 揉成面团，搓成长条，切成小剂子搓圆。

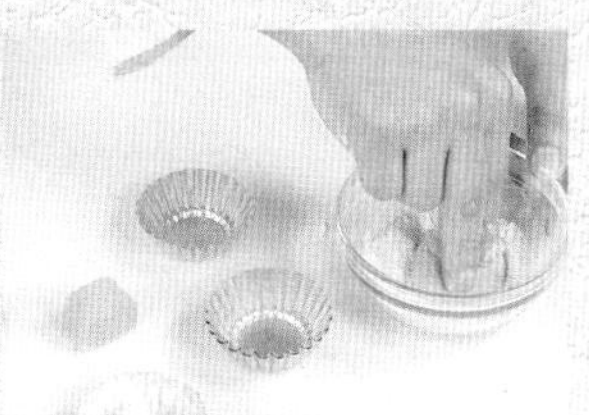

3. 沾上低筋面粉，黏在蛋挞模具上，沿着边沿按紧。

4. 椰挞液：锅中放入 75 毫升清水、糖粉搅匀，用小火煮至溶化，关火后倒入色拉油，搅拌均匀。

5. 加入椰丝，搅拌匀，倒入低筋面粉，轻轻搅拌。

6. 加入吉士粉拌均匀，倒入泡打粉拌匀，打入鸡蛋拌匀，即成椰挞液。

7. 用勺子将椰挞液装入蛋挞模具中，至八分满即可，放入烤盘中。

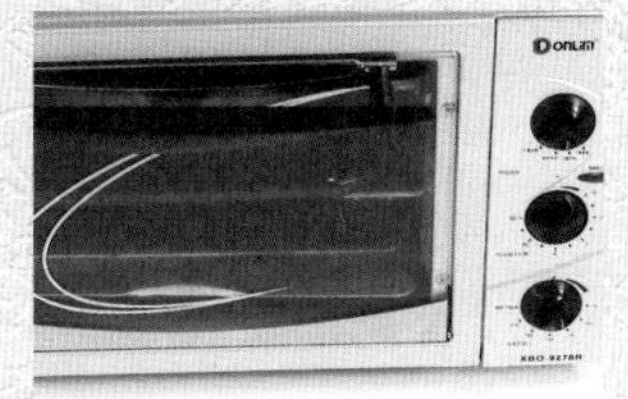

8. 预热烤箱，以上火 180℃、下火 200℃，烤 17 分钟，将烤盘放入烤箱，开始烘烤。

9. 取出烤盘，去掉模具，将透明果酱刷在椰挞上，放上蓝莓装饰即成。

扫一扫做甜点

「脆皮蛋挞」

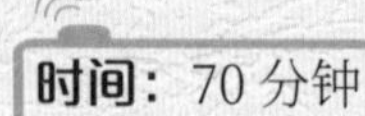

原料 Material

挞皮：

低筋面粉---220 克
高筋面粉---- 30 克
黄油---------- 40 克
细砂糖---------5 克
盐------------ 1.5 克
片状酥油---180 克

蛋挞液：

清水------125 毫升
细砂糖------- 50 克
鸡蛋------------2 个

做法 Make

1. 挞皮：低筋面粉、高筋面粉、细砂糖、盐、125 毫升清水拌匀，揉成面团，放上黄油，揉搓成光滑的面团。

2. 静置 10 分钟。

3. 片状酥油擀平；把面团擀成片状酥油两倍大的面皮。

4. 将片状酥油放在面皮的一边，另一边的面皮覆盖上片状酥油，折叠成长方块。

5. 面皮擀薄，对折 4 次，放入冰箱，冷藏 10 分钟，将上述步骤重复操作 3 次。

6. 撒少许低筋面粉，用擀面杖将面皮擀薄。

7. 将模具放在面皮上，压出 4 块圆形面皮，放入蛋挞模中。

8. 蛋挞液：将清水、细砂糖倒入碗中拌匀，至细砂糖溶化。

9. 把鸡蛋液倒入碗中，搅拌均匀，过筛两遍至碗中。

10. 把过筛后的蛋液倒入蛋挞模具中，放入烤盘。

11. 将烤盘放入烤箱中，以上、下火 220℃，烤 10 分钟至熟。

12. 取出烤盘，将蛋挞脱模，装入盘中即可。

扫一扫做甜点

「脆皮葡挞」

原料 Material

挞皮：

低筋面粉---220 克
高筋面粉---- 30 克
黄奶油------- 40 克
细砂糖---------5 克
盐------------ 1.5 克
片状酥油---180 克

葡挞液：

蛋黄------------2 个
牛奶------100 毫升
鲜奶油------100 克
炼奶----------- 适量
细砂糖-------- 适量
吉士粉-------- 适量

做法 Make

1. 挞皮：低筋面粉、高筋面粉、细砂糖、盐、清水拌匀。

2. 揉成面团，放上黄奶油，揉搓成光滑的面团，静置 10 分钟。

3. 片状酥油擀平；把面团擀成片状酥油两倍大的面皮。

4. 将片状酥油放在面皮的一边，另一边的面皮覆盖上片状酥油，折叠成长方块。

5. 面皮擀薄，对折 4 次，放入冰箱，冷藏 10 分钟，将上述步骤重复操作 3 次。

6. 撒少许低筋面粉，用擀面杖将面皮擀薄。

7. 将模具放在面皮上，压出 4 块圆形面皮，放入蛋挞模中。

8. 葡挞液：锅中倒入牛奶和细砂糖拌匀，加入炼奶煮沸，倒入鲜奶油、吉士粉拌匀，关火。

9. 加入蛋黄搅拌均匀，制成葡挞液，过筛两次至碗中。

10. 将葡挞液倒入蛋挞模中，至八分满即可，放入烤盘中。

11. 将烤盘放入烤箱，以上、下火 220℃，烤 10 分钟至熟。

12. 取出烤盘，将脆皮葡挞脱模，装入盘中即可。

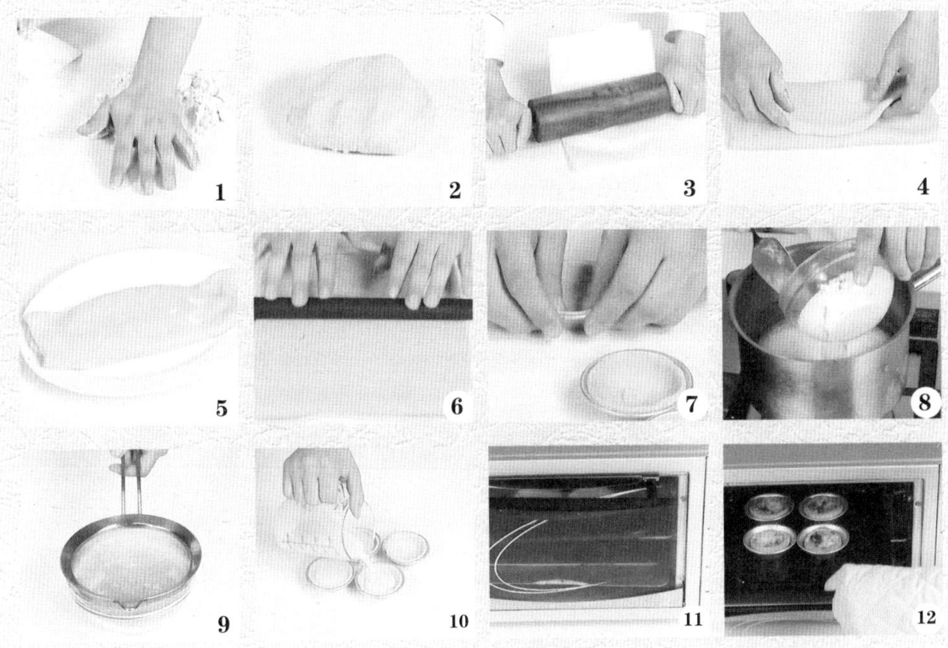

「红糖伯爵酥挞」

时间：45 分钟

原料 Material

无盐黄油---- 80 克
红糖---------- 45 克
鸡蛋液------- 10 克
低筋面粉---- 80 克
伯爵茶粉------2 克
玉米淀粉---- 15 克
杏仁片------- 15 克

做法 Make

1. 将无盐黄油放入干净的搅拌盆中。
2. 加入红糖搅拌均匀。
3. 倒入鸡蛋液，用电动打蛋器搅打均匀。
4. 筛入低筋面粉、伯爵茶粉、玉米淀粉，用橡皮刮刀翻拌至无干粉的状态，呈细腻的饼干面糊。
5. 将饼干面糊装入挞模中，并用抹刀将表面抹平，装饰些许杏仁片。
6. 将蛋挞模具置于烤盘上，放入预热至160℃的烤箱中层，烘烤 30 分钟即可。

「香蕉柠檬蛋挞」

时间： 25 分钟

原料 Material

蛋挞皮---------6 个
香蕉------------4 根
柠檬------------1 个
蛋黄------------3 个
鲜奶油------200 克

做法 Make

1. 香蕉去皮，切片；柠檬横切 4 等份圆形薄片。

2. 取一个大的玻璃碗，放入蛋黄、鲜奶油，用搅拌器慢慢搅匀，制成蛋挞液。

3. 将香蕉片和柠檬片摆入蛋挞皮中，倒入适量蛋挞液，放入烤盘。

4. 将烤盘放入烤箱，上、下火调至 150℃，烤约 20 分钟，取出摆盘即成。

扫一扫做甜点

「草莓派」

原料 Material

派皮：

细砂糖---------5 克

低筋面粉---200 克

牛奶------- 60 毫升

黄油---------100 克

杏仁奶油馅：

黄奶油------- 50 克

细砂糖------- 50 克

杏仁粉------- 50 克

鸡蛋------------1 个

装饰：

草莓---------100 克

蜂蜜----------- 适量

做法 Make

1. 派皮： 低筋面粉中倒入细砂糖、牛奶搅拌匀，加入黄油，用手和成面团。

2. 用保鲜膜将面团包好，压平，放入冰箱冷藏 30 分钟，取出，撕掉保鲜膜，压薄。

3. 取模具，放上面皮，贴紧，切去多余的面皮。

4. 再次沿着模具边缘将面皮压紧。

5. 杏仁奶油馅： 将细砂糖、鸡蛋倒入容器中，快速拌匀。

6. 加入杏仁粉，搅拌均匀。

7. 倒入黄奶油，搅拌至糊状，制成杏仁奶油馅。

8. 将杏仁奶油馅倒入模具内，至五分满，并抹匀。

9. 把烤箱温度调成上、下火 180℃。

10. 将模具放入烤盘，再放入烤箱中，烤约 25 分钟。

11. 取出烤盘，放置片刻至凉，去除模具，将烤好的派皮装入盘中。

12. 沿着派皮的边缘摆上草莓，刷适量蜂蜜即可。

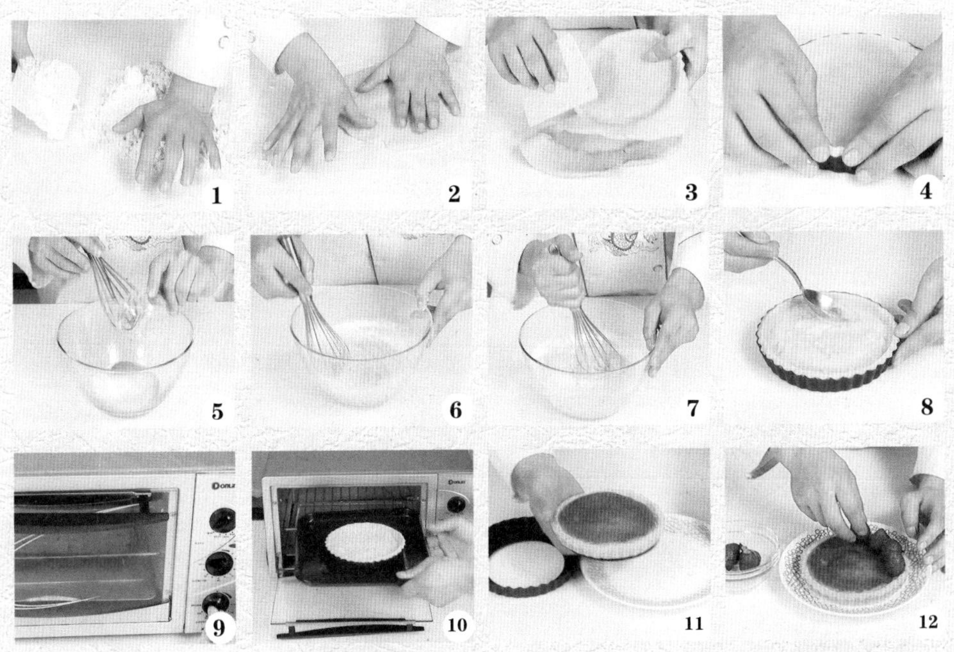

「草莓乳酪派」

时间：50 分钟

扫一扫做甜点

原料 Material

派皮：

黄油---------125 克
糖粉---------125 克
鸡蛋---------- 50 克
低筋面粉---250 克
泡打粉---------1 克

派馅：

奶油芝士---170 克
黄油---------- 60 克
细砂糖------- 60 克
鸡蛋---------- 50 克
淀粉------------9 克
淡奶油------- 35 克
草莓酱------- 60 克

做法 Make

1. 烤箱通电后，以上火190℃、下火150℃进行预热。

2. 派皮：把黄油倒在案台上，加入糖粉，搅拌均匀，再加入鸡蛋搅拌，使其与黄油充分融合。

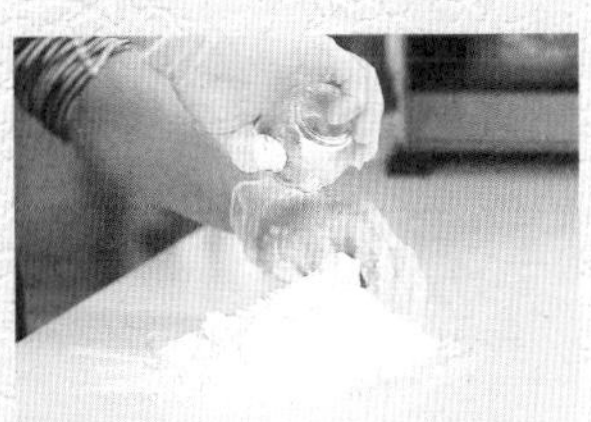

3. 加入低筋面粉和泡打粉继续搅拌，把挞皮擀好后放入模具底部，使挞皮紧贴其底部。

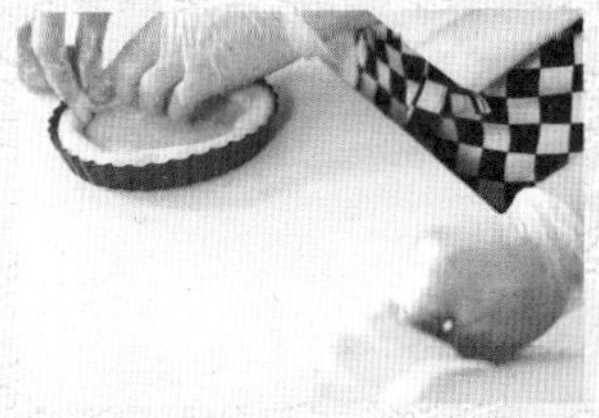

4. 把剩下的挞皮擀成长条形，裹在模具的内边缘上。

5. 打孔排气，放入烤盘中并放进以上火190℃、下火150℃预热的烤箱烘烤约15分钟。

6. 派馅：把奶油芝士和细砂糖搅拌均匀，加入黄油继续搅拌，再加入淡奶油搅拌。

7. 分两次加入鸡蛋继续搅拌，最后加入淀粉搅拌均匀，制成馅料，倒入派皮中。

8. 再把草莓酱用裱花袋挤入派馅中。

9. 放入烤箱中，烤约25分钟，取出即可。

「黄桃派」

时间：80 分钟

扫一扫做甜点

原料 Material

派皮：

细砂糖---------5 克
低筋面粉---200 克
牛奶------- 60 毫升
黄油---------100 克

杏仁奶油馅：

黄奶油------- 50 克
细砂糖------- 50 克
杏仁粉------- 50 克
鸡蛋------------1 个

装饰：

黄桃肉------- 60 克

做法 Make

1. 派皮： 低筋面粉中倒入细砂糖、牛奶搅拌匀，加入黄油，用手和成面团。

2. 用保鲜膜将面团包好，压平，放入冰箱冷藏30分钟，取出，撕掉保鲜膜，压薄。

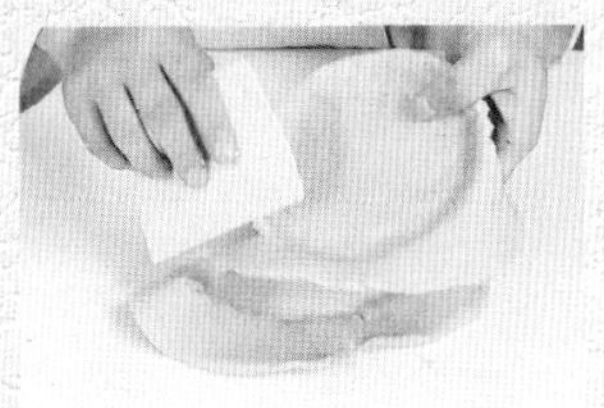

3. 取一个派皮模具，盖上底盘，放上面皮，沿着模具边缘贴紧，切去多余的面皮，压紧。

4. 杏仁奶油馅： 将细砂糖、鸡蛋拌匀，加入杏仁粉，搅拌均匀。

5. 倒入黄奶油，搅拌至糊状，制成杏仁奶油馅。

6. 将杏仁奶油馅倒入模具内，至五分满，并抹匀。

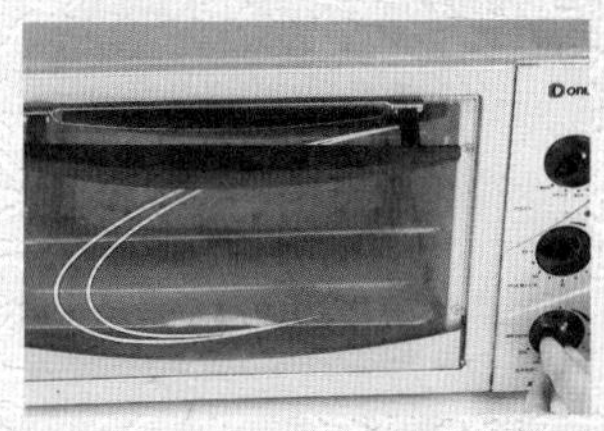

7. 把烤箱温度调成上火180℃、下火180℃。

8. 将模具放入烤盘，再放入烤箱中，烤约25分钟，取出，放凉，去除模具。

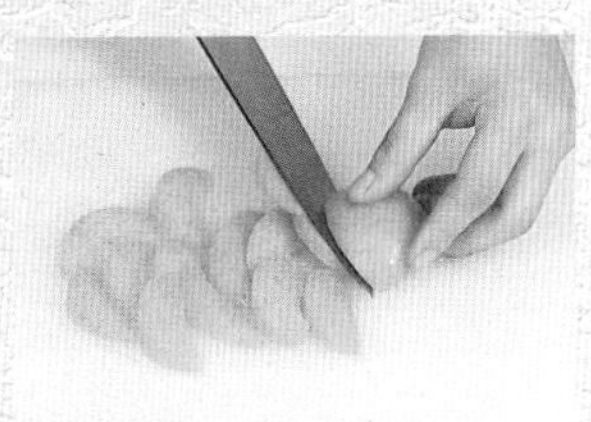

9. 将黄桃肉切成薄片，摆放在派皮上即可。

扫一扫做甜点

「苹果派」

时间：90 分钟

原料 Material

派皮:

细砂糖---------5 克

低筋面粉---200 克

牛奶------- 60 毫升

黄油---------100 克

杏仁奶油馅:

黄奶油------- 50 克

细砂糖------- 50 克

杏仁粉------- 50 克

鸡蛋------------1 个

苹果------------1 个

蜂蜜----------- 适量

做法 Make

1. 派皮: 低筋面粉中倒入细砂糖、牛奶搅拌匀, 加入黄油, 用手和成面团。

2. 用保鲜膜将面团包好，压平，放入冰箱冷藏 30 分钟，取出，撕掉保鲜膜，压薄。

3. 取模具，放上面皮，贴紧，切去多余的面皮。

4. 再次沿着模具边缘将面皮压紧。

5. 杏仁奶油馅： 将细砂糖、鸡蛋倒入容器中，快速拌匀。

6. 加入杏仁粉，搅拌均匀。

7. 倒入黄奶油，搅拌至糊状，制成杏仁奶油馅。

8. 苹果去核，切成薄片，放入淡盐水中，浸泡 5 分钟。

9. 将杏仁奶油馅倒入模具内，摆上苹果片，至摆满为止，倒入适量杏仁奶油馅。

10. 将模具放入烤盘，再放进冰箱冷藏 20 分钟。

11. 烤盘放入烤箱，以上、下火 180℃，烤 30 分钟。

12. 取出，脱模后装入盘中，刷上适量蜂蜜即可。

扫一扫做甜点

「提子派」

时间：80 分钟

原料 Material

派皮：

细砂糖---------5 克

低筋面粉---200 克

牛奶------- 60 毫升

黄油---------100 克

杏仁奶油馅：

黄奶油------- 50 克

细砂糖------- 50 克

杏仁粉------- 50 克

鸡蛋-----------1 个

装饰：

提子----------- 适量

做法 Make

1. 派皮： 低筋面粉中倒入细砂糖、牛奶搅拌匀，加入黄油，用手和成面团。

2. 用保鲜膜将面团包好，压平，放入冰箱冷藏 30 分钟，取出，撕掉保鲜膜，压薄。

3. 取模具，放上面皮，贴紧，切去多余的面皮。

4. 再次沿着模具边缘将面皮压紧。

5. 杏仁奶油馅： 将细砂糖、鸡蛋倒入容器中，快速拌匀。

6. 加入杏仁粉，搅拌均匀。

7. 倒入黄奶油，搅拌至糊状，制成杏仁奶油馅。

8. 将杏仁奶油馅倒入模具内，至五分满，并抹匀。

9. 把烤箱温度调成上火 180℃、下火 180℃。

10. 将模具放入烤盘，再放入烤箱中，烤约 25 分钟。

11. 取出烤盘，放置片刻至凉，去除模具，将烤好的派皮装入盘中。

12. 用小刀将提子雕成莲花形状，摆在派上即可。

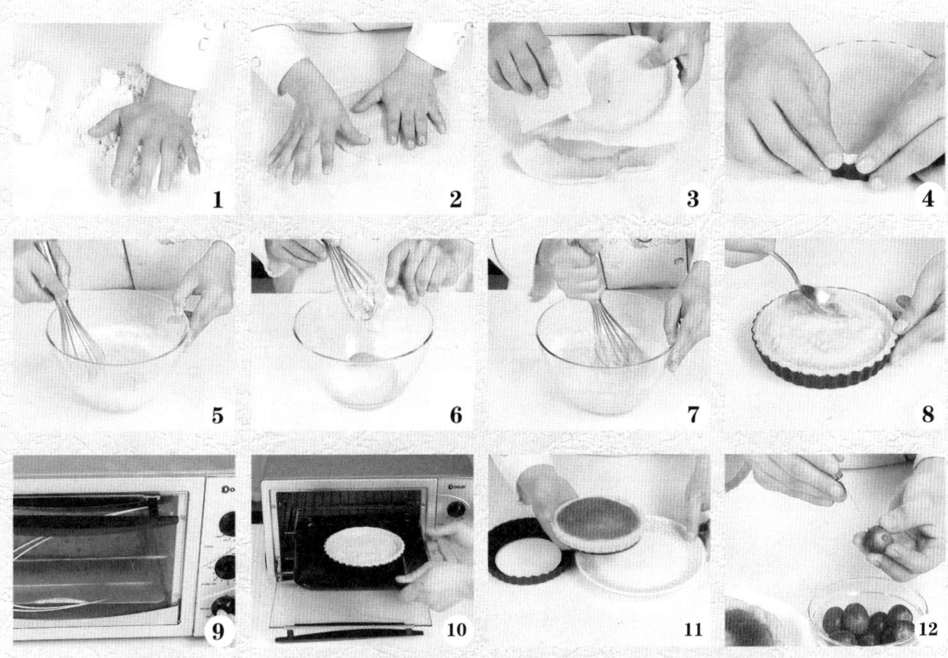

「核桃派」

时间：45 分钟

扫一扫做甜点

原料 Material

派皮：

黄油---------100 克

面粉---------170 克

派馅：

白砂糖------- 50 克

黄油---------- 37 克

蜂蜜---------- 25 克

麦芽糖------- 62 克

核桃仁------250 克

提子---------100 克

做法 Make

1. 派皮：把黄油倒入玻璃碗中，搅散后分多次加入 90 毫升水进行搅拌。

2. 加入面粉搅拌均匀。

3. 把派皮压入派模中，用刮板刮去剩余的派皮，再用擀面杖将其擀成条状，绕派模内壁一圈。

4.将派模放入烤盘中并将烤盘放入以上火180℃、下火160℃预热好的烤箱中烘烤15~18分钟，取出。

5. 派馅：把蜂蜜、麦芽糖、黄油、白砂糖倒入碗中加热，用搅拌器搅拌均匀。

6. 把核桃仁、提子倒入碗中加热，用搅拌器搅拌均匀。

7. 用勺子把派馅放入烤好的派皮中，将派继续放入烤箱中烤约 15 分钟。

8. 取出烤好的派装盘即可。

「苦瓜派」

时间：20 分钟

原料 Material

黄椒--------------- 50 克
红椒--------------- 50 克
洋葱--------------- 50 克
马苏里拉芝士--- 60 克
胡椒----------------5 克
蛋黄酱------------ 20 克
芝士条------------ 20 克
色拉油--------- 10 毫升
盐------------------5 克
苦瓜----------------1 根

做法 Make

1. 把苦瓜对半切开，去除心。
2. 把黄椒、红椒、洋葱切成丁，芝士片切成条。
3. 蛋黄酱装入裱花袋中，挤在苦瓜内部。
4. 在苦瓜中心铺上蔬菜和芝士条，再撒上胡椒和盐。
5. 刷上色拉油，接着撒上马苏里拉芝士。
6. 再挤上蛋黄酱装饰。
7. 把苦瓜派放进以上火 200℃、下火 120℃预热的烤箱中，烘烤约 15 分钟。
8. 取出烤好的派装盘即可。

「蓝莓派」

时间：45 分钟

原料 Material

派底：

面粉---------340 克

黄油---------200 克

派心：

芝士---------190 克

细砂糖------- 75 克

鸡蛋---------- 50 克

淡奶油------150 克

蓝莓---------- 70 克

做法 Make

1. 把派底原料和 90 毫升清水倒进玻璃碗中，用长柄刮板搅拌均匀后放进派模，再用擀面杖对派底擀面整形。

2. 将派底放在烤盘中，用剪刀在派底部打孔排气，将烤盘放进以上火 180℃、下火 160℃预热的烤箱中，烘烤约 15 分钟，取出。

3. 把派心原料全部倒入另一玻璃碗中，搅拌均匀。

4. 用裱花袋把搅拌好的派心挤入烤好的派底中，然后把派放进烤箱中烘烤约 20 分钟。

5. 取出烤好的派，冷却后铺上蓝莓装盘即可。

「抹茶派」

时间：45 分钟

扫一扫做甜点

原料 Material

派皮：

面粉---------340 克

黄油---------200 克

派心：

低筋面粉---- 30 克

鸡蛋---------- 50 克

细砂糖------- 50 克

抹茶粉------- 15 克

黄油---------- 50 克

杏仁粉------- 50 克

装饰：

糖粉----------- 适量

蓝莓----------- 适量

淡奶油------100 克

抹茶粉------- 30 克

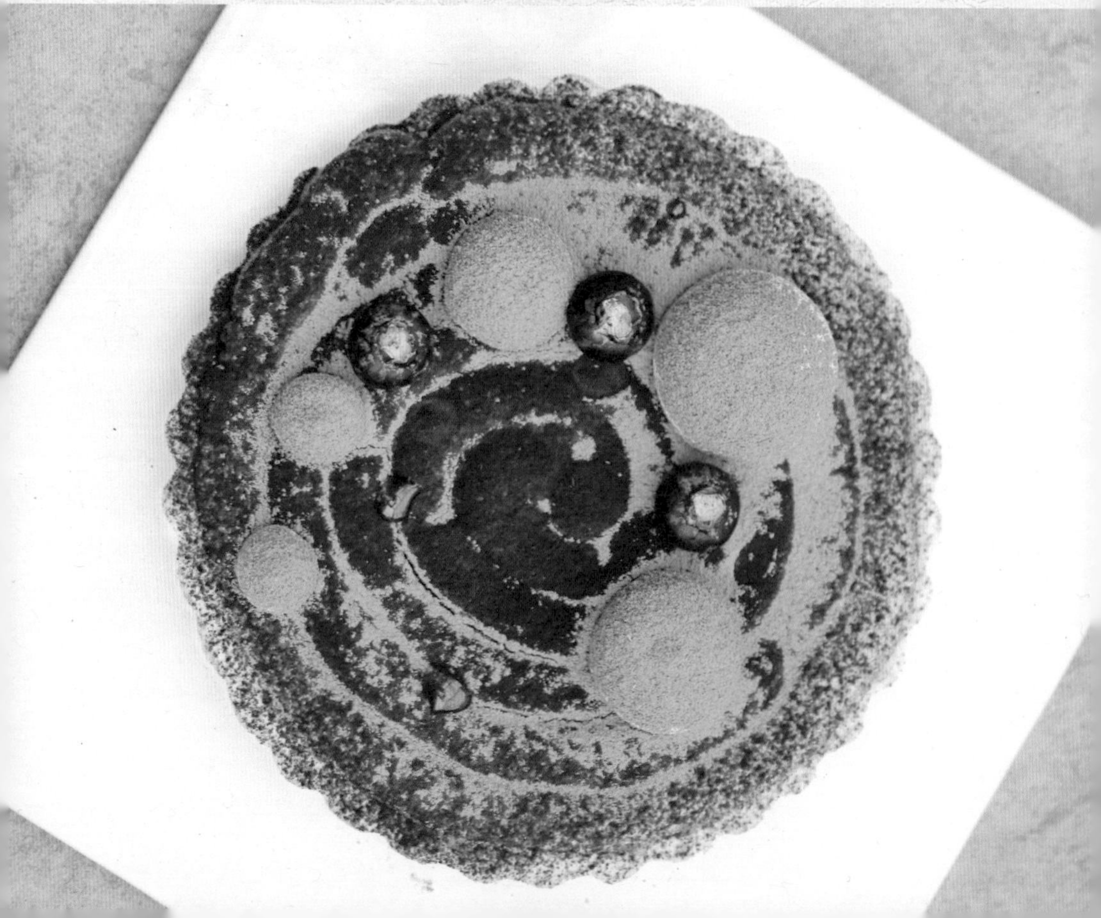

做法 Make

1. 派皮： 把黄油、90 毫升水、面粉倒入玻璃碗中，搅拌均匀。

2. 将派底原料搅拌均匀后，擀成面饼，用刮板刮去剩余部分，然后装入派模整形。

3. 将剩余的材料擀成条状，绕派模内部一圈，并将派模放进烤箱烘烤约 15 分钟。

4. 派心： 把派心原料倒进玻璃碗中搅拌均匀。

5. 用剪刀在烤好的派底底部打孔排气。

6. 将派心用裱花袋挤进派底中，放在烤盘，移入烤箱，以上火 180℃、下火 160℃烘烤约 15 分钟。

7. 取出烤好的派后脱模冷却，在冷却好的派上筛上糖粉，挤上六成发的淡奶油。

8. 最后再筛上抹茶粉，用蓝莓装饰即可。

「南瓜派」

时间：50 分钟

原料 Material

派皮------------2 个
南瓜---------300 克
淡奶油------120 克
全蛋------------1 个
蛋黄------------2 个
红糖---------- 70 克

做法 Make

1. 将派皮放入烤箱中，以上、下火 180℃烤 15 分钟，取出。
2. 将去皮煮熟的南瓜捣成泥放入碗中。
3. 将 60 克的淡奶油倒入南瓜泥中，用手动打蛋器搅拌均匀。
4. 打入全蛋，搅拌均匀。
5. 倒入蛋黄，搅拌均匀。
6. 倒入红糖，继续搅拌均匀。
7. 将剩余的淡奶油倒入南瓜糊中，充分搅拌均匀，装入裱花袋，将南瓜液注入派皮中。
8. 最后放入预热至 180℃的烤箱下层烤 20 分钟，取出冷却脱模即可。

「千丝水果派」

时间：45 分钟

原料 Material

派皮：

面粉---------340 克

黄油---------200 克

派心：

鸡蛋---------- 75 克

细砂糖------100 克

低筋面粉---200 克

肉桂粉---------1 克

胡萝卜丝---- 80 克

菠萝干------- 70 克

核桃---------- 60 克

黄油---------- 50 克

草莓----------- 适量

蓝莓----------- 适量

红加仑-------- 适量

樱桃----------- 适量

猕猴桃-------- 适量

做法 Make

1. 派皮：把黄油、90 毫升水、面粉倒入玻璃碗中，边倒边搅拌均匀。

2. 将派底原料拌匀后，放在案台上用擀面杖擀成面饼，用刮板刮去剩余部分，然后进行整形。

3. 将剩余的面团擀成条状，然后绕派模内部一圈，并将派模放进烤箱，以上火 180℃、下火 160℃烘烤约 15 分钟。

4. 派心：把黄油、细砂糖、鸡蛋倒入玻璃碗中拌匀，再倒入低筋面粉、胡萝卜丝、肉桂粉、菠萝干、核桃，搅拌均匀。

5. 派底烤好后取出，用长柄刮板将派心放进烤好的派底中。

6. 用刀整平表面后将烤盘放进烤箱烘烤约 25 分钟。

7. 取出烤好的派，冷却后用新鲜水果装饰即可。

「清甜双果派」

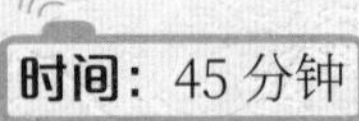

扫一扫做甜点

原料 Material

派皮：

低筋面粉---135 克
黄油---------110 克
鸡蛋---------- 15 克
泡打粉---------2 克
糖粉---------- 80 克

派馅：

苹果------------1 个
梨---------------1 个
柠檬汁------5 毫升
细砂糖------- 60 克
盐---------------2 克
肉桂粉---------4 克
黄油---------- 10 克

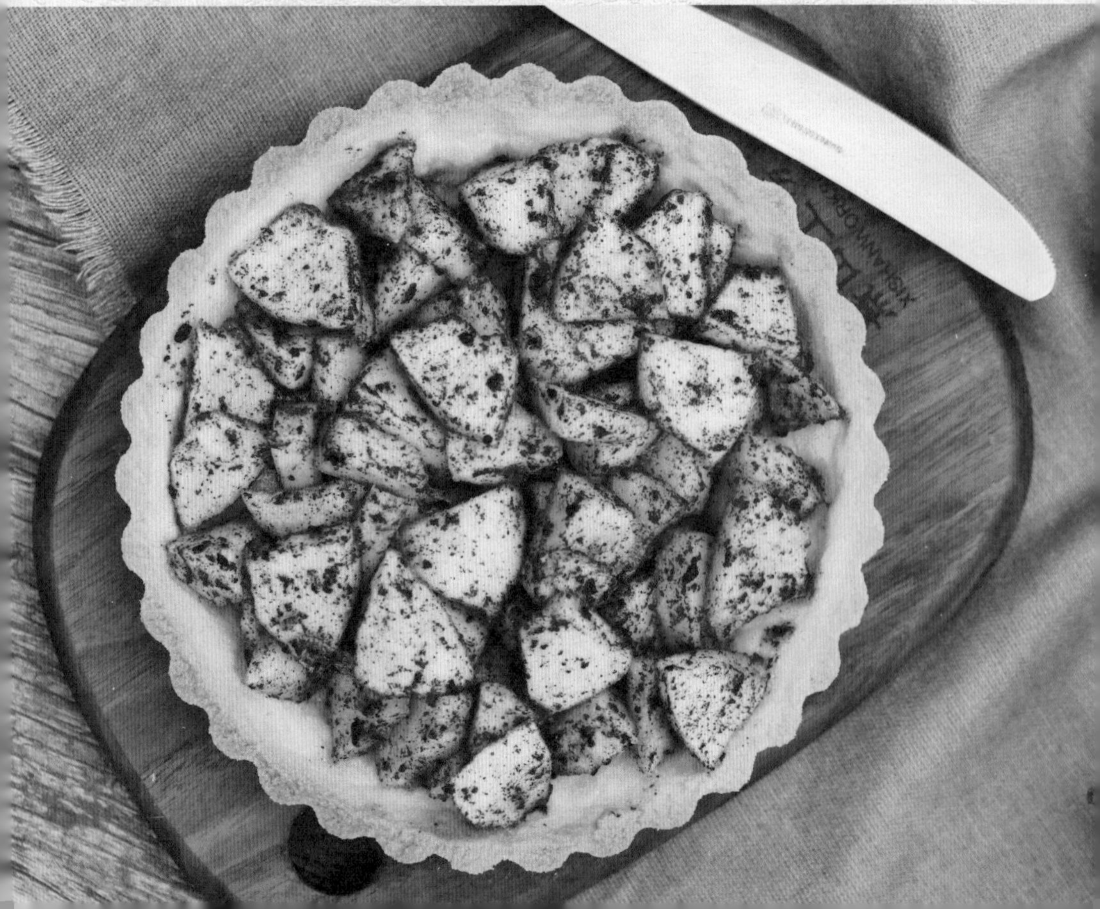

做法 Make

1. 派皮：将软化的黄油、糖粉倒入碗中拌匀，加入鸡蛋搅拌，最后加入泡打粉和低筋面粉，用长柄刮板拌匀，制成派皮。

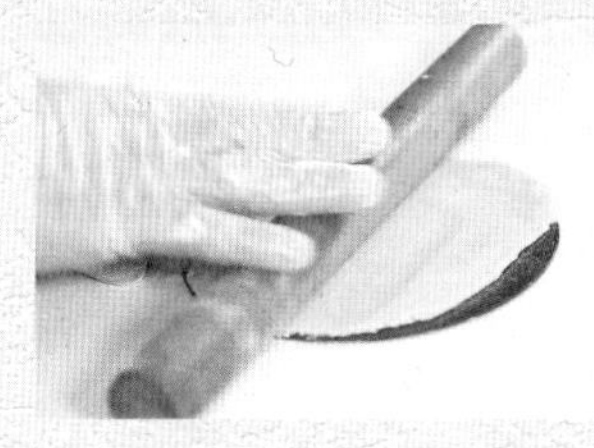

2. 用擀面杖把派皮擀好后放入模具底部，使派皮与其紧贴。

3. 把剩下的派皮擀成长条形，裹住模具内边缘，用刮板在做好的派皮底部打孔排气。

4. 把派皮放入烤盘中，放进以上火 180℃、下火 160℃预热好的烤箱中烘烤约 20 分钟。

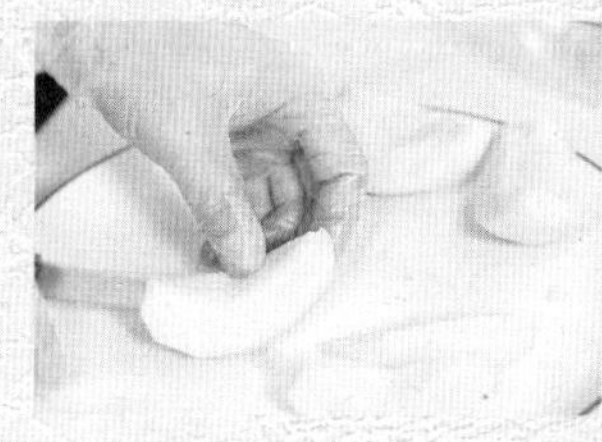

5. 把梨和苹果削皮，用刀切成丁状待用。

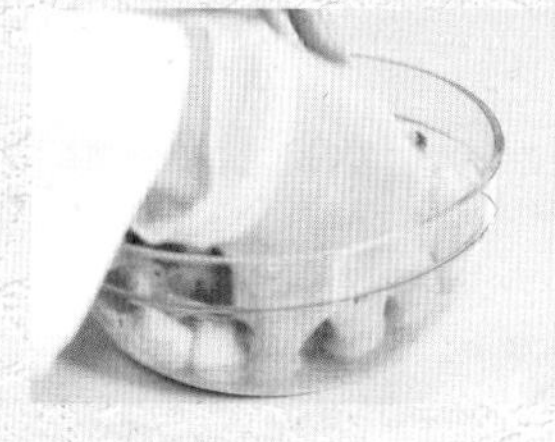

6. 派馅：把肉桂粉、盐、细砂糖、柠檬汁和溶化好的黄油倒入玻璃碗中，再加入水果丁搅拌均匀，制成派馅。

7.把派馅装入派底中，放入烤箱，烤5分钟。

8. 取出烤好的派装盘即可。

扫一扫做甜点

「水果乳酪派」

原料 Material

派皮：

低筋面粉---125 克
糖粉---------- 65 克
鸡蛋------------1 个
黄奶油------- 65 克

馅料：

乳酪---------100 克
牛奶------450 毫升
黄油---------- 90 克
高筋面粉---- 25 克
低筋面粉---- 25 克
细砂糖------- 65 克
鸡蛋------------2 个
蛋黄---------- 45 克
提子----------- 适量

做法 Make

1. 派皮：低筋面粉中倒入糖粉、鸡蛋、黄奶油混合均匀。

2. 揉搓成面团，压扁，再压成圆形的薄面皮，两张合在一起，制成派皮。

3. 将派皮放在派皮模具上，压入模具里，去掉边缘部分。

4. 馅料：把黄油用电动搅拌器搅匀，加入细砂糖搅匀。

5. 分两次加入蛋黄，拌均匀，再分两次加入鸡蛋，搅拌匀。

6. 倒入高筋面粉、低筋面粉，拌均匀，加入乳酪，继续搅匀。

7. 一边倒入牛奶，一边搅拌均匀，搅拌成纯滑的面浆。

8. 把派皮模具放入烤盘中，倒入馅料，至九分满，放上适量提子。

9. 把生坯放入预热好的烤箱里。

10. 关上箱门，以上火 200°C、下火 190°C烤约 25 分钟。

11. 打开箱门，把烤好的水果乳酪派取出。

12. 将其脱模，把成品装入盘中即可。

「酸奶乳酪派」

时间：82 分钟

原料 Material

派皮：

黄油---------175 克
白糖---------- 87 克
鸡蛋---------- 45 克
低筋面粉---225 克
玉米淀粉---- 50 克
泡打粉---------3 克

馅料：

乳酪---------- 93 克
炼乳---------- 67 克
白糖------------5 克
鸡蛋---------- 55 克
低筋面粉---- 60 克
酸奶---------- 75 克
吉利丁-------- 适量

做法 Make

1. 派皮： 低筋面粉中放入玉米淀粉、白糖、泡打粉、鸡蛋、黄油混合均匀，揉搓成面团。

2. 取适量面团压成面饼，放入模具中，用叉子扎上数个小孔。

3. 馅料： 取一大碗，倒入鸡蛋、白糖、炼乳、低筋面粉搅匀，加入乳酪，搅匀。

4. 将馅料倒入派皮中，放在烤盘上。

5. 放入烤箱中，以上、下火 170℃烤 20 分钟，取出。

6. 把吉利丁放入清水中浸泡，泡软后取出，装盘备用。

7. 容器中倒入酸奶、吉利丁搅匀，煮至溶化，倒在烤好的乳酪上。

8. 放入冰箱，冷冻 1 小时，取出，切成小块即可。